U0677231

XUCHANPIN PINZHI YANJIU
YU YINGYONG

畜产品品质研究与应用
——牛肉、羊肉篇

梁克红　朱 宏◎著

中国农业出版社
农村读物出版社
北　京

图书在版编目（CIP）数据

畜产品品质研究与应用. 牛肉、羊肉篇 / 梁克红，
朱宏著 . —北京：中国农业出版社，2022.8
　　ISBN 978-7-109-29801-9

　　Ⅰ. ①畜… 　Ⅱ. ①梁… ②朱… 　Ⅲ. ①畜产品－产品
质量－研究②牛肉－产品质量－研究③羊肉－产品质量－
研究 　Ⅳ. ①TS251.7

中国版本图书馆 CIP 数据核字（2022）第 141207 号

中国农业出版社出版
地址：北京市朝阳区麦子店街 18 号楼
邮编：100125
责任编辑：周晓艳
版式设计：王　晨　　责任校对：刘丽香
印刷：北京中兴印刷有限公司
版次：2022 年 8 月第 1 版
印次：2022 年 8 月北京第 1 次印刷
发行：新华书店北京发行所
开本：720mm×960mm　1/16
印张：8.5
字数：100 千字
定价：35.00 元
版权所有·侵权必究
凡购买本社图书，如有印装质量问题，我社负责调换。
服务电话：010-59195115　010-59194918

　　畜牧业是关系国计民生的重要产业，是农业农村经济的支柱产业，是保障食物安全和居民生活的战略产业，是农业现代化的标志性产业。"十四五"时期是开启全面建设社会主义现代化国家新征程、向第二个百年奋斗目标进军的首个五年，是全面推进乡村振兴、加快农业农村现代化的关键五年，也是畜牧业转型升级、提升质量效益和竞争力的重要五年。为此，国家先后印发了《国务院办公厅关于促进畜牧业高质量发展的意见》《"十四五"全国畜牧兽医行业发展规划》等指导性文件。

　　"十三五"期间，在党中央、国务院的坚强领导下，我国畜牧业生产方式加快转变，绿色发展全面推进，现代化建设取得明显进展，综合生产能力、市场竞争力和可持续发展能力不断增强。一是畜产品供应能力稳步提升。2020 年，我国牛肉、羊肉产量分别比 2015 年增长 8.2％、10.6％。二是产业素质显著提高。2020 年全国畜禽养殖规模化率达到 67.5％，比 2015 年提高 13.6 个百分点；畜牧养殖机械化率达到 35.8％，比 2015 年提高 7.2 个百分点。三是畜产品质量安全保持较高水平。质量兴牧持续推进，源头治理、过程管控、产管结合等措施全面推行，畜产品质量安全保持稳定向好的态势。农业农村部印发的《"十四五"全国畜牧兽医行业发展规划》指出：实施肉牛、肉羊生产发展五年行动，坚持稳定牧区、发展农区、开发南方草山草坡的发展思路，推进农牧结合、草畜配套，牛肉、羊肉自给率保持在 85% 左右，牛肉、羊肉产量分别稳定在 680 万 t 和 500 万 t 左右，肉牛、肉羊养殖业总产值达到 9 000 亿元。

本书以牛肉、羊肉为畜产品代表，论述其品质研究与应用情况，分为上、下两篇。上篇就我国优质牛肉品牌发展现状展开论述，包括产业情况、区域公共品牌打造等，从肉牛品种、日龄与性别、产地环境、饲养管理以及营养因素等方面分析了引起牛肉品质差异的原因；从外观品质、加工品质、食用感官品质、营养品质方面论述了我国肉牛主要产区的肉品质现状；最后梳理了牛肉品质相关的国家、行业、地方以及团体标准，并提出了未来标准制修订的意见。下篇以羊肉作为研究对象，介绍了肉羊产业与品牌发展现状，包括产业情况、区域公共品牌打造等；从肉羊品种、产地环境、饲养管理、屠宰加工等方面阐述了影响羊肉品质的因素；从外观与感官品质、营养品质、风味品质的方面综述了我国肉羊主要产区的肉品质现状；最后梳理了我国目前关于羊肉品质的相关标准，并提出了修订意见。

畜牧业提质增效也是我国农业发展的主要内容，尤其是在提高牛肉、羊肉品质方面。在保证自给率的同时，增加我国牛肉、羊肉品牌的国际竞争力，对于我国畜牧业现代化发展至关重要。本书旨在为从事牛肉、羊肉相关产业的科研、企业人员提供参考，并引导消费者选购优质牛肉、羊肉。

著　者

2022 年 1 月

目 录

CONTENTS

前言

上篇 牛 肉 篇

下篇 羊 肉 篇

上篇 牛肉篇
SHANGPIAN NIUROUPIAN

1 我国牛肉产业与优质品牌发展现状 》

1.1 产业情况

牛肉产业是我国畜牧业和肉类生产的重要组成部分。目前，我国牛肉产量位居世界第三，且随着畜牧业的快速发展，肉牛养殖与牛肉消费均快速增长。1980 年以前，我国将牛作为役畜，肉牛产业在我国尚未形成，仅以淘汰的老残牛作为人们肉食补充。改革开放后，我国畜牧业发展迅速，牛肉产出水平日益提升，肉牛产业也出现萌芽。1990 年后，我国肉牛产业诞生，并获得迅猛发展；到 2020 年年末，我国肉牛存栏量为 9 562.06 万头，牛肉产量达 672.45 万 t。我国是继美国和巴西之后，世界肉牛养殖和牛肉生产第三大国。近年来，随着生活水平的提高，全民对牛肉的需求量也逐年上升，肉牛产业作为牛肉供应链的载体而备受关注。

1.1.1 肉牛产区分布及不同地区养殖特色

在我国肉牛产业发展迅速的背景下，自然条件与环境多样性有利于发展区域化、规模化的肉牛繁育体系和构建不同种类的肉牛养殖产业。随着以牛肉为主的高档肉制品市场需求的增加，我国各地纷纷布局肉牛产业，出台了与肉牛养殖业相关的鼓励政策，肉牛养殖在我国逐渐快速发展起来。据显示，2020 年全国牛肉产量位居前十的省（自治区）分别是内蒙古、山东、河北、黑龙江、新疆、云南、吉林、四川、河南和辽宁（图 1-1）。从区域布局和肉牛存栏量看，中原（山东、河南、河北和安徽）、东北（吉林、黑龙江、辽宁、内蒙古和河北）、西南（四川、重庆、贵州和广西）、西北（新疆、甘肃、陕西和宁夏）4 个优势明显的肉牛产业区域分布已经形成，这四大产业区域的肉牛存栏量、屠宰量和牛肉产量占全国的90％左右。

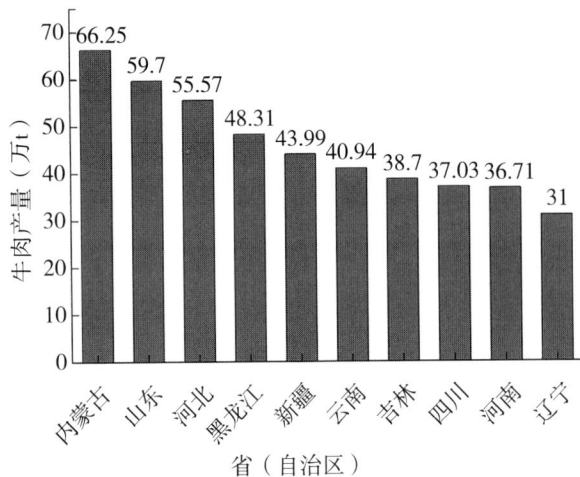

图 1-1　各省（自治区）牛肉产量

我国不同地区间的地理环境、自然资源、市场需求等有着明显区别，因此肉牛产业发展也有着很大的地域差异。根据地区现有的饲料资源和环境条件可将其分为种植区、放牧区、种植-放牧区三类，肉牛养殖主要集中在种植区，特别是中原地区（山东、河南）和东北地区（吉林、辽宁）。在其他区域，如东南地区肉牛养殖密度很低，而西南地区肉牛种群密度是由不同地区集约化制度和山区放牧制度形成的。

(1) 中原优势区 中原优势区是我国肉牛产业发展起步较早的区域，肉牛存栏量占全国 1/4 以上。该区域可利用草场面积约 82.67 万 hm²，年产作物秸秆约 3 860 万 t，是我国最大的粮食产区，肉牛养殖以舍饲为主。中原优势区正在着力提高肉牛粪污的资源化利用程度，以减少环境规制对肉牛产业发展的抑制作用。同时，聚焦消费市场潜力的正向影响，积极增强区域内市场的消费能力。中原优势区定向支持"产犊补母"稳定牛源计划，以减缓肉牛产能下行的趋势。在畜牧业发达地区还开发了牧场旅游，或开展"组团认养""云养牛"等活动，重视开发牛肉新产品，企业积极参与市场营销，增强对市场波动的抵御能力。在一些试点推行"粮改饲"的种养结合一体化新模式，着力推动肉牛产业走规模化、标准化、产业化的发展道路，形成了一条完整的绿色循环产业链。肉牛产业集群的专业化和集中化程度都比较高，具有明显的专业化优势和地理集中优势，提升专业化程度和效率优势是未来肉牛产业集群发展的重点。中原优势区主要的肉牛品种有鲁西黄牛、郏县红牛、泌阳夏南牛等。

(2) 东北优势区 东北优势区是我国肉牛养殖起步早、发展较快的区域，肉牛存栏量约占全国 1/4。该区域可利用草场面积约 0.59 亿 hm²，年产作物秸秆约 5 900 万 t。自然资源丰富，但缺乏优质的、具有自主知识产权的肉牛品种，肉牛良种登记和后裔测定体系仍有待提高。需要组织专家对不同肉牛品种的存栏状况和饲养效益等开展调查研究，制订科学的肉牛遗传改良计划及实施方案，确定区域规划和育种目标，以系统选育和科学改良肉牛品种，确保肉牛育种工作的连续性、稳定性。东北优势区主要的肉牛品种有三河牛、达茂草原肉牛、乌审草原红牛、科尔沁牛、穆棱肉牛、桦甸黄牛、辽育白牛等。

内蒙古是我国牛肉生产的传统地区，养牛业在该地区的畜牧业中占据重要地位，是农牧民增加收入的重要途径之一，有着悠久的历史。具有辽阔草原和丰富牧场，非常适合发展畜牧业，远离污染的牛肉更是营养美味，深受消费者的青睐。2011—2020 年，全国牛肉产量呈逐年上升的趋势，从 2011 年的 610.71 万 t 增加到 2020 年的 672.45 万 t；其中，内蒙古自治区作为全国第一大牛肉产量区域，牛肉产量从 2011 年的 49.73 万 t 增加到 2020 年的 66.25 万 t，在全国牛肉产量的占比也从 8.14% 增加到 9.85%（图 1-2、图 1-3）。

图 1-2　全国和内蒙古自治区牛肉产量

内蒙古自治区地处祖国北疆，区域面积广阔，位于北纬 37°24′—53°23′，东经 97°12′—126°04′，南北最宽处约 1 700km，东西直线长达 4 200km，是全国横跨经度最广的区域。土地面积 118.3 万 km²，位列全国第三，发展畜牧业的自然条件良好。地貌

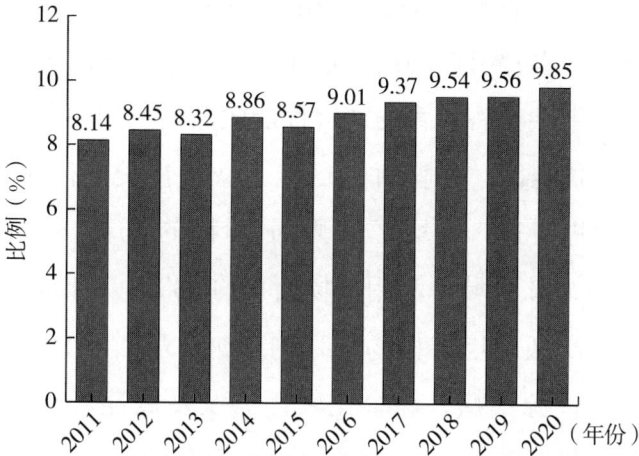

图 1-3　内蒙古自治区牛肉产量占全国牛肉产量的比例

类型以高原为主，海拔高度900～1 300m。属于温带气候，降水量自东向西由大于450mm减至25mm。水资源缺乏，河流、湖泊密度从东到西逐渐变稀，夏、秋季河流与溪水、湖泊可作为饮水水源，而冬、春季则主要依靠地下水。

内蒙古自治区是欧亚大陆草原的重要组成部分，天然草原面积有0.88亿 hm²，占全国草原总面积的22%，占全区土地面积的74%。全区草地资源年生物总贮量约680.8亿 kg，其中可食干草总贮量约408.6亿 kg。在世界温带草原中，内蒙古自治区天然草地资源的原生植被保存得最完整、工业污染程度最小、草地类型最多，是最丰富的植物基因库，可以满足各类畜种采食。这是内蒙古自治区地理环境所具有的独特性，也是区别于其他地区地理区域的显著标志。

养牛业在内蒙古自治区的分布具有普遍性，在全区 12 个盟市100 个旗县市区都有分布。肉牛养殖优势区域主要分布在中东部地区，即通辽市、赤峰市、锡林郭勒盟和呼伦贝尔市，占全区肉牛存栏量的97%。主要品种有肉乳兼用的三河牛、草原红牛、科尔沁牛等培育品种牛，以及引进的西门塔尔牛、海福特牛、利木赞牛、夏洛来牛和本地牛杂交后培育的产肉性能较高的兼用品种牛。

(3) 西南优势区 西南优势区作为我国传统的肉牛主产区域，近年来肉牛发展迅速，平均存栏规模占全国的36.6%，牛肉产量占全国的18.9%。该区域可利用草场面积约933.3万 hm²。同时，也是我国粮食主产区，年产作物秸秆约3 000万 t。西南优势区在肉牛养殖规模、资源禀赋、综合比较优势及发展速度等方面差异较大。四川有养殖规模优势，贵州有发展速度优势，广西和重庆无比较优势。贵州肉牛发展潜力大，将肉牛业作为产业发展重点，可根据当地特点，通过优化资源配置，扩大肉牛养殖规模，引导肉牛产业走规模化发展道路，加快肉牛产业从资源禀赋优势向综合比较优势转化。西南优势区肉牛饲料需求缺口较大，可增加饲用作物种植面积，扩大优质饲草供应量，转变"粮改饲"补贴重点，以青贮饲草质量为标准设定生产补贴标准，促进"粮—经—饲"三元结构形成。西南优势区主要的肉牛品种有斯布牦牛、九龙牦牛、文山牛、关岭牛、隆林黄牛等。

(4) 西北优势区 西北优势区肉牛存栏量约占全国的1/10，该区域可利用草场面积约800万 hm²，年产作物秸秆约1 000万 t。该区域内不同地区肉牛的饲养方式因地制宜，主要分为放牧和舍饲两种。西北优势区内可加大基础设施建设力度，进一步提高交通的通达性与城镇化率，促进地方经济发展；鼓励散养农户加入肉牛养殖合作社，以获得地方金融机构的资金支持、先进的养殖技术和可靠的市场信息；增加农林牧渔固定投资占各行业固定投资的比率；生态环保、农业机械、畜牧兽医等部门应密切配合，从畜禽粪污资源化利用、病死动物无害化处理等方面，为养殖场（户）提供科学规范的建设标准，做好肉牛养殖废弃物的综合利用工作，普及推广畜禽养殖废弃物处理设施，不断提高养殖废弃物的综合利用率，促进肉牛养殖与生态保护协调发展。西北优势区主要的肉牛品种有早胜牛、张家川红花牛、达因苏牛肉、新疆褐牛、安格斯牛等。

1.1.2　肉牛养殖构成及产品消费现状

在我国，小型农场是肉牛产业的主要组成部分，规模较大的屠宰企业较少。肉牛养殖主要集中在农业地区，农业地区的肉牛屠宰量占全国肉牛屠宰总量的 2/3 以上，主要集中在河南、山东、河北等地；牧区和肉牛育种主要集中在内蒙古、新疆和甘肃。在吉林、内蒙古、山西、河南等地也有一些现代化牛肉加工屠宰设备的大型屠宰企业，并建立了品牌和连锁店，以满足我国牛肉市场中高端消费者的需求。

从养殖规模来看，截至 2020 年，我国肉牛年出栏 100 头以上的场（户）仅占 15%。年出栏肉牛 51～100 头的场（户）占 4%，年出栏 11～50 头的场（户）约占 22%，59% 的场（户）年出栏肉牛数在 10 头以内。由此可见，我国肉牛饲养依然以小规模为主，规模化水平仍然很低。在肉牛育种方面，国家肉牛核心育种场增至 50 家左右，以核心育种场、种公牛站、技术推广站和人工授精站为主体的繁育体系得到进一步完善。

2020 年肉牛需求强劲，市场价格屡创新高。但育肥牛产能下降，出栏价格季节性规律变化特征减弱，架子牛、犊牛与育肥牛出栏价格之间倒挂明显。不仅如此，牛肉产品进口进一步扩大，进口量显著增长。繁育母牛养殖环节经济效益占据产业链优势地位。在非洲猪瘟和"新冠肺炎疫情"影响下，牛肉产品的消费替代功能及营养价值功效逐渐显现，所以 2020 年我国牛肉消费需求始终保持强劲态势。据农业农村部统计：2020 年全国牛肉批发均价维持高位运行，且每月价格均高于历史同期，并在当年 11 月创下历史最高纪录，即 85.57 元/kg，比 2019 年峰值高 4.0%；2020 年全年平均价格约为 84.00 元/kg，比 2019 年增长 14.7%。

由于近年来国内肉牛育肥周期普遍延长，平均在 10 个月以上，因此 2020 年因养殖环节空档期加大导致育肥牛产能下降在所难免；与此同时，由于"新冠肺炎疫情"在世界蔓延，疫情防控力度不断加强，因此也较大程度地限制了外来活牛及牛肉产业的流通渠道，抬高了入境成本。受国内育肥牛产能下降及外来牛源入境受限等因素影响，自 2020 年 4 月下旬起，国内多数地区育肥牛价格开始出现小幅上涨；5 月维持高位平稳状态，呈现出"淡季不淡"的市场特征；随着下半年育肥牛传统销售旺季的来临，育肥牛出栏价格呈现出较大涨幅，并于 8 月以 37.2 元/kg 的出栏价格刷新了历史最高纪录，比 2019 年峰值高 8%。繁育母牛饲养环节经济效益占据产业链优势地位，尤其是在辽宁和贵州这两个省份体现得特别明显。

1.2 牛及牛肉地理标志产品和区域公共品牌

1.2.1 地理标志产品

我国幅员辽阔，养牛历史悠久，智慧的人民在广袤的土地上创造了一个又一个独具特色的地理标志产品。目前全国一共有 61 种牛和牛肉地理标志产品，其中青海、内蒙古、贵州排名前三，分别为 15 种、7 种和 6 种（见附录 1）。这些地理标志产品具有一定的地域知名度和产品特色，对当地畜牧业的发展起着正向作用。进行地理标志产品认证，对提高产品的经济附加值、增强文化凝聚力、促进国际贸易的发展、打开国内外市场具有十分重要的意义。

1.2.2　区域公共品牌

目前我国牛肉区域公共品牌数排列前三的地区分别为内蒙古、新疆和河南，品牌数量分别为 11 个、7 个和 6 个，累计占全国牛肉品牌的 73.5%。除此之外，山东、甘肃、广东等地也存有少量的牛肉品牌。从品牌生产规模可知，甘肃玛曲牦牛为 46.34 万头，位居第一；新疆那拉提草原牛及河南泌阳夏南牛均为 23 万头，并列位居第二；宁夏泾源黄牛为 20 万头，位居第三（见附录 2）。

2.1 品种

肉牛为反刍动物，其消化生理与单胃哺乳动物不同。单胃哺乳动物利用消化液将糖类、脂类和蛋白类等营养物质分解为简单的小分子，将其吸收并合成为自身生长和繁殖所需的各种物质。反刍动物采食的营养物质要先经过瘤胃微生物发酵，被分解为有机酸和初级脂肪酸，然后被吸收进入血液。反刍动物最重要的营养来源是瘤胃微生物提供的菌体脂类、糖类和蛋白类。因此，要满足反刍动物的营养需求，必须先满足其瘤胃微生物的营养和繁殖需求，使其最大限度地增殖，以给反刍动物提供足够的营养。

品种是肉牛产业发展的基础。经过了几十年的发展，我国肉牛改良体系已逐步完善。目前，我国肉牛品种约30个。其中，引进品种20多个，主要有西门塔尔牛、安格斯牛、夏洛来牛、利木赞牛、褐牛等，这些优良品种的引进不仅对我国黄牛改良和肉牛产业发展起到了非常重要的作用，而且对肉牛生产性能和牛肉品质起着决定性的作用。对不同品种肉牛生长发育情况的对比研究得出，西门塔尔牛和安格斯牛具有明显的品种优势，其日增重和各项生长发育指标均显著优于和牛。安格斯牛与西藏犏牛杂交后代的体重及体尺指数显著优于犏牛传统杂交后代，杂种优势明显。

产生这一现象的原因可能是调控肉品质的相关基因在不同品种个体中的表达有所差异。在国外品种中，安格斯牛、海福特牛、夏洛来牛、肉用短角牛、比利时蓝白牛和皮埃蒙特牛的产肉性能及肉品质均较好，且大理石花纹明显。其中，肉用短角牛的肌纤维较细，肉质细嫩；比利时蓝白牛肌肉发达，体型健硕，同其他肉牛品种相比可多提供20%的肌肉，脂肪含量降低30%；皮埃蒙特牛除屠宰率、瘦肉率及眼肌面积高于其他品种之外，胆固醇含量比普通牛肉低近30%，常用来生产高档牛肉。国内所产牛肉品质较好的肉牛品种主要包括秦川牛、南阳牛、鲁西黄牛、延边牛等纯种牛，以及通过杂交培育得到的三和牛、草原红牛等。这些杂交牛优势明显，肉品质好，有较为理想的大理石花纹。虽然我国地方肉牛品种的生长速度、屠宰率及瘦肉率不及一些国外优良品种，但耐粗饲、抗寒和抗病力较强，通过杂交可使双亲的优良性状得以表达，增加杂交优势，改良肉牛品种。

红牛与西门塔尔牛、红安格斯牛、夏洛来牛分别杂交的结果表明，与红安格斯牛杂交得到的后代提供的高档优质牛肉所占比例有所提高；与夏洛来牛杂交得到的后代肉嫩度增加，氨基酸含量增加，肉品质得到显著提高。对婆墨云（BMY）阉公牛、西云杂阉公牛、短云杂阉公牛、云南黄牛的肉样进行剪切力测定后发现，BMY牛胸肉和牛腩剪切力均低于西云杂阉公牛和云南黄牛，而云南黄牛牛腩剪切力低于短云杂阉公牛。对黑安格斯与西门塔尔牛的F_1代肉品质进行测定发现，其牛肉剪切力和失水率均低于西门塔尔牛，但熟肉率高于西门塔尔牛。表明肉品质较好，同时肉中的脂肪酸含量显著提高。

2.2 日龄及性别

2.2.1 日龄

同一品种不同年龄肉牛的肉品质有所不同，主要是由于肌肉中胶原蛋白和脂肪含量差异所导致的牛肉嫩度、风味和大理石花纹有差异。一般认为，牛在幼龄时期（8 月龄之前）生长最为迅速，但这一时期主要是内脏器官、骨骼和肌肉的快速发育与增长，不会沉积过多的脂肪。因此，牛肉的大理石花纹等级很低或几乎没有，牛肉风味不理想，但肉嫩度好。8 月龄的利木赞牛肌间脂肪量相对于其他品种较高，可产生大理石花纹，是生产"小牛肉"的主要品种。随着年龄的增长，8～18 月龄的肉牛生长速度变得缓慢，是育肥的关键时期，也是脂肪沉积的有利时期，通过合理育肥生产的牛肉风味好，大理石花纹比 8 月龄前更为明显，但是嫩度会有所降低。

2.2.2 性别

性别也是影响牛肉品质的关键因素之一。牛的性别会影响肉质嫩度、肉色、风味、脂肪酸含量和大理石花纹等级等。大量研究结果表明，不同性别的牛其肉品质指标存在差异。在牛肉嫩度方面，阉牛＞母牛＞公牛；在肉色方面，阉牛＞母牛＞公牛；在膻味方面，公牛＞阉牛＞母牛；在大理石花纹等级方面，阉牛＞公牛＞母牛。性别对肉品质的影响主要是由激素导致的，雄激素可以增加蛋白质的沉积量并减少脂肪的合成量，故公牛肉中的脂肪含量相对较少，嫩度相对较差。去势之后的公牛体内雄激素含量降低，脂肪沉积加速，大理石花纹明显，肌纤维变细，嫩度增加，膻味也降低。

2.3　产地环境

我国不同地区间地理环境、自然资源、市场需求等有着明显区别，肉牛产业的发展也有着很强的地域差异。目前，我国肉牛主产区布局已经形成。

西北地区的牦牛是乳、肉、毛综合性品种，主要分布在海拔高、气温低、昼夜温差大、牧草生长期短、太阳辐射强、氧分压低的高原牧区，具有独特的生物学特性和经济特性。牦牛的放牧地土壤偏碱性，水质矿化度高，牧草中的干物质含量高，远离工业区，因而肉质鲜美、腥味小、无污染，具有高蛋白、低脂肪、低热量、多氨基酸等特点。青海牦牛生活在海拔 3 000～5 000m 的高原，既要耐受高寒恶劣的自然环境，还要维持机体的正常代谢及繁衍，因此其生长发育速度、屠宰率和净肉率等性能指标均低于当地黄牛、秦川牛、西门塔尔牛。一方面，牦牛为适应高海拔、空气稀薄的环境，增强了缺氧环境下的呼吸机能，其呼吸系统形成特殊的解剖结构和生理机能，使得决定肉色的肌红蛋白、血红蛋白含量明显要高，从而色泽较深；另一方面，由于海拔高、空气稀薄、氧分压较低，牦牛要满足机体的维持需要，肌肉中正常的酶活性增强，使肌肉组织中的铁呈还原态（Fe^{2+}），为紫红色，肌肉色泽趋向褐红色。

虽然颜色对肉的营养价值无太大影响，但决定着肉的食用品质和商品价值。由于牦牛生长在高寒地区，运动强度相对较大，因此其肌纤维密度小、直径粗，肌肉内各种蛋白质含量较高，肌肉脂肪含量相对较低，虽然影响了肌肉嫩度，但并不影响其食用品质。

华南地区地方黄牛品种资源丰富，可饲料化利用的农副产物丰富多样，牛肉消费需求旺盛，具有发展肉牛产业的优越条件，牛品种繁多。其中的优秀代表有广东和海南的雷琼黄牛，广西的涠洲黄牛、南丹黄牛和隆林黄牛。这些地方黄牛品种耐粗饲、抗病力强、肉质鲜美，特别适应华南地区高温高湿的自然环境，是发展本土肉牛品种的优秀种质资源。华南地区气候适宜，水热条件好，适合牧草生长；但丘陵山地多，大规模种植牧草难度大，需要发展牧草产业。其中，广西草山草坡面积 869.83 万 hm^2，可利用面积 647.0 万 hm^2；万亩以上的连片草地有 97 处，面积为 192 万 hm^2，可以因地制宜地利用当地丰富的牧草品种资源，发展大规模的牧草种植。广东草山草坡面积 326.62 万 hm^2，可利用面积 267.7 万 hm^2，天然草地面积 96.3 万 hm^2，园地面积 126.07 万 hm^2，可以发展"果-草"间种模式和草山种植模式。将华南地区的农副产物尤其是水果类副产物和农作物秸秆资源用于肉牛生产，在减少资源浪费的同时还可以避免加工副产物随意丢弃造成污染。同时，转变牧草的利用方式，如将全株玉米青贮后的利用效果十分理想，不仅营养损失率低，而且同等采购价格全株玉米比玉米秆获取的干物质多 10%～15%。除此之外，华南地区黄牛品质较好。例如，雷琼黄牛体型适中、净肉率高、肉质细嫩，且耐热、耐粗饲，适应性、抗病力、抗焦虫能力都强；隆林黄牛性情温驯，耐粗放饲养，力大耐劳，肉质细嫩，抗病力强，适应性好，犊牛成活率高，早期生长速度快；南丹黄牛产于温湿山地，具有性情温驯、耐热、耐粗饲、少病、繁殖率高、适应性强、遗传性状稳定等优点。这些地方品种所生产的牛肉普遍肉质剪切力小、嫩度好、易咀嚼。

新疆是我国传统的牧业大区之一，畜牧业是当地农业的重要组成部分，而肉牛产业又是当地畜牧业的特色产业。哈萨克牛是新疆地区古老的黄牛品种；新疆褐牛是瑞士褐牛和哈萨克牛杂交后经不断培育、改良形成的独特品种；加系褐牛是从加拿大引入的肉用褐牛品种，其也是在瑞士褐牛的基础上培育的。国内外学者对于这3个肉牛品种的肉品质、脂肪酸含量及组成研究得较少。受新疆山区、牧区、半牧区和农区养殖，以及高纬度、气候干燥、昼夜温差大等的影响，肉牛在生长发育过程中，体内脂肪会逐渐沉积，肉中水分含量下降，体蛋白质含量较为稳定。平均屠宰年龄为1周岁，由于屠宰年纪较小，肌肉中的碳水化合物和非蛋白氮含量较低。山区放牧时由于温度较低，且温差大，肌肉活动强烈，因此公牛能量消耗较多，体内脂肪沉积较少，水分含量较高，整体表现为氨基酸含量丰富，但肉的风味有降低趋势。

内蒙古的呼伦贝尔草原是我国最大、最优质的天然牧场，总面积25.3万 km^2。草原类型涵盖山地草甸草原、丘陵草甸草原、平原丘陵干旱草原、沙地植被草地、低地草甸草场，肉牛采用冬、春季舍饲圈养及夏、秋季放牧模式。冬、春季舍饲圈养时间为7个月，夏、秋季放牧时间为5个月。冬、春季主要饲喂青干草、秸秆、青贮等粗饲料。耕地、打草场少的养殖户无法备足过冬的饲草料，全靠自行购买来弥补缺口，在一定程度上加大了养殖投入，降低了经济效益。得天独厚的肉牛养殖环境，使天然放牧的蒙古牛所产牛肉备受消费者青睐，从而使该地区的牛肉价格持续走高。同时，通辽地处著名的科尔沁草原地区，是我国最理想的天然牧场之一，拥有优良牧草，充沛的阳光、雨水，自然放养方式使得科尔沁牛名扬天下。蒙古牛是我国五大黄牛品种之一，也是黄牛中分布最广、数量最多的品种。具有适应性较强、耐寒、耐粗饲、遗传性能稳定等特点，终年放牧，能适应恶劣环境条件，抓膘易肥，生产潜力大，有乳、肉、役多种用途，是牧区乳、肉的主要来源。内蒙古天然草原放牧的牛其肉质鲜美，咀嚼感好，瘦肉呈鲜红到深红色，脂肪呈白色或橙黄色，不饱和脂肪酸含量高，相比较为软滑，且有奶油香味。同时，由于牧草资源丰富，夏季牧草中含有丰富的β胡萝卜素，因此内蒙古地区的牛肉质量在不同季节、不同时期具有显著差异。在放牧季节，当地牛肉中的脂肪酸、类胡萝卜素含量丰富，风味口感也更佳。

2.4　饲养管理

饲养方式是肉牛生产性能和肉品质的主要影响因素。放牧和舍饲是我国肉牛的两种主要饲养方式，其日粮组成、环境条件、饲养管理、养殖效益等均有着明显差异。目前，我国农区肉牛的存栏量、出栏量和牛肉产量都已占据主导地位，肉牛出栏量占全国的80％以上，主要集中在中原地区和东北地区。肉牛放牧饲养主要分布在牧草资源丰富的内蒙古、新疆、西藏、青海、甘肃等我国传统的肉牛养殖区，肉牛舍饲养殖主要分布在山东、河南、四川、河北、吉林等我国农作物秸秆资源丰富的粮食主产区。在寒冷地区，冬季采用大棚饲养可以显著提高肉牛的日增重，缩短育肥时长。在舍饲条件下，西门塔尔牛的体重、胸围、体长等生产性能指标优于放牧条件。随着饲养密度的增加，肉牛日增重显著降低。肉牛散养时，其肉中的多不饱和脂肪酸含量显著高于舍饲。受地理资源和人们饮食文化的影响，西北地区是我国传统肉牛优势产区，肉牛饲养以放牧方式为主。但近年来，随着农区的粮食资源逐年丰富以及人们饮食结构的转变，农区舍饲肉牛的出栏量、牛肉产量和消费量均呈现快速增长的态势，我国肉牛优势产区的布局也随之发生了变化。肉牛优势产区由牧区向农区转移，主要体现为牧区放牧养殖量逐渐减少，农区舍饲养殖量迅速增加。

牧区草场资源丰富，肉牛养殖历史悠久，饲养规模较大，一般为 50~200 头。肉牛主要依赖天然草场生存，其生产性能受季节、气候变化等的影响较大。在干旱年份或寒冷季节，缺乏牧草，肉牛生长发育缓慢，甚至会出现休重负增长的现象，生产性能较低。牧区大多数处于边远、不发达的地区，肉牛饲养基本还延续着传统的放牧方式，圈舍等硬件设施简陋，牧民的文化水平相对较低，饲养管理较为粗放，养殖技术水平较低，先进的养牛技术并没有在牧区得到广泛的推广应用。饲料以青干草、作物秸秆等为主，只添加少量玉米粉、莜麦及豌豆等精饲料。牧区饲养肉牛有着先天的低成本优势，犊牛养殖和饲料购买费用远远低于农区。但因受到自然资源、地域环境和消费市场等因素影响，牧区肉牛饲养量正在逐步减少。

受农业生产、饮食习俗和消费习惯的影响，传统上我国农区养牛是为了役用，人均牛肉消费量远低于牧区；农区肉牛饲养规模较小，一般以个体农户散养为主，产业化程度较低。但近年来，随着居民收入水平的不断提高，人们膳食结构的不断变化，农区牛肉消费量迅速增长，因此促进了肉牛养殖业的发展。在山东、河南、河北等一些肉牛产业较发达的农区，个体散养户逐渐减少，规模饲养逐渐增加，甚至出现了成千上万头的大型养殖企业和养殖小区。

在舍饲模式下，肉牛的活动空间狭小，日粮中添加过量的精饲料易造成瘤胃内环境失衡，从而诱发营养代谢性疾病。在育肥后期，肉牛增重速度减慢，体内脂肪沉积量增加，如果继续添加过量的能量饲料，就会增加脂肪肝、瘤胃酸中毒和蹄叶炎等营养代谢性疾病的发生率，使肉牛生产性能和肉品质降低。此时，添加适量的维生素、矿物质等营养物质有利于牛肉品质的改善，合理延长育肥时间可以提高肉牛脂肪沉积率，促进大理石花纹的形成，提升牛肉品质。运动受限会降低肉牛食欲，改变其生理指标，影响生产性能的发挥。另外，狭小的空间会使牛的舒适度下降，饲料转化率和生产性能降低。

在育肥场，饲喂谷物是保证肉牛具有较快增重速度、较短出栏时间和较理想肉质的一种措施。在放牧情况下，给肉牛补饲谷物籽实饲料，可使出栏时间缩短3～6个月；并能提高牛肉品质，如颜色和嫩度，饲喂谷物饲料90～100d就可出现明显的改善。在育肥场饲养情况下，给肉牛补饲谷物饲料的出栏时间较单纯放牧饲养能缩短12个月。肉牛宰前饲喂高谷物饲粮可增加牛肉大理石花纹的比例，提高脂肪含量和肌肉颜色的稳定性，且肉中维生素E的水平和胴体嫩度稍高。任何使肉牛出栏时间缩短9～12个月的营养措施，都可提高嫩肉切块比例。

　　研究结果表明，对比肉品质指标，舍饲牛所产牛肉的蒸煮损失率显著高于放牧牛。这可能是由于舍饲条件下，肉牛的活动空间受限，运动量较少，肌肉得不到锻炼，所吸收的营养物质主要用于脂肪沉积和体重增加，导致其肌肉松散，肌纤维排列紊乱、疏松，系水力差。舍饲牛的熟肉率低于放牧牛，放牧的牛其肌纤维排列较舍饲的牛更为致密、整齐，肌纤维间隙更为宽厚，但放牧与舍饲对肌肉颜色和大理石花纹等级差异的影响不显著。

2.5　营养因素

　　饲料日粮精粗比不同不仅影响肉牛的生长速度和屠宰率，也会对肉品质产生重要的影响。饲养时期不同，日粮精粗比例会有所变化。适宜的比例不但能提高饲料转化效率，对于肉品质的改善也有积极的作用。肉牛在早期饲养阶段主要是骨骼和瘤胃发育，到中后期是肌肉和脂肪发育与沉积。为促进肌肉生长，应在育肥中期适当提高精饲料及优质蛋白质饲料的比例。在肉牛日粮中添加不同比例的破碎玉米补充料对肉品质有不同的影响，添加水平为1.0%组的肉牛其肉中不饱和脂肪酸含量升高，牛肉营养特性更好。因此，为提高嫩度，需在育肥后期适当增加优质粗饲料比例。研究不同浓缩料添加水平对犊牛肉品质的影响发现，按体重0.8%剂量添加的低水平组犊牛第12肋脂肪厚度和眼肌面积要高于按体重1.0%剂量添加的组，且牛肉的剪切力小、嫩度好。研究不同谷物饲料对牛肉品质的影响发现，与补饲燕麦和小麦的试验组相比，单独饲喂牧草组的肉牛其肉质更加细嫩、颜色更深、脂肪颜色更黄、不饱和脂肪酸比例更高。

能量饲料主要通过影响脂肪沉积进而对牛肉嫩度和大理石花纹造成影响。当日粮中的能量达到一定水平时，牛肉中的饱和脂肪酸含量下降，功能性脂肪酸含量增加，肉品质得到改善。蛋白质饲料可加速肌肉蛋白质沉积，提高瘦肉率，增加肌肉的系水力，但是会影响脂肪沉积。研究表明，给肉牛提供低、中、较高、高能量蛋白质水平的日粮，结果不是高能量蛋白质组牛肉品质最佳，而是较高能量蛋白质组牛肉的剪切力最小、嫩度最好，不饱和脂肪酸含量显著高于低水平组和高水平组。蛋白质水平为 14.8％ 的日粮比蛋白质水平为 12.8％ 的日粮更能显著提高肉牛的屠宰率、净肉率和肋部及背部脂肪层厚度。利用棉粕和豆粕将日粮中的蛋白质控制在 12.8％ 和 14.8％ 两个水平，探究其对牛肉品质的影响，结果与低蛋白质组（12.8％）相比，高蛋白质组（14.8％）的肉牛其背最长肌剪切力较大，不饱和脂肪酸含量较高，饱和脂肪酸和风味前体物质游离脂肪酸含量较低。蛋白质与日粮能量的比值是肉牛体内蛋白质和脂肪沉积率的主要影响因素，影响肉牛的能量代谢、生长性能和胴体组成。肉中多不饱和脂肪酸与单不饱和脂肪酸的含量高，则肉的品质就好，对人的健康就越有利。改变日粮营养水平会影响牛肉中的脂肪酸组成，进而影响牛肉品质。当在肉牛日粮精饲料中加入 15％ 亚麻籽油时，可显著提高牛肉嫩度和系水力，增加肌肉中的亚麻酸含量，降低肉的 pH，同时亚麻籽油对肉色能起到保护作用。在肉牛日粮中添加 30％ 的粗甘油，则肉中的 γ 亚麻酸脂肪酸和单不饱和脂肪酸浓度有所增加，但胆固醇含量降低，牛肉风味更好。

　　饲料添加剂，如维生素、矿物质、微量元素、微生物制剂、非蛋白氮、植物精油、中草药添加剂等常被用作肉牛的日粮添加剂。维生素是肉牛生长发育必不可少的添加剂，日粮中常添加的有维生素 A、维生素 D 和维生素 E，这 3 种维生素对牛肉品质有一定的影响。维生素 A 能维持上皮组织的完整，抑制脂肪细胞分化，调节机体内的脂肪代谢。探究肉牛日粮中添加不同水平的维生素 A 对肉品质的影响发现，当添加水平为 1 100IU 时，牛肉中的脂肪含量增加，嫩度和风味得以改善。这是由于维生素 A 在分子水平上改变了相关酶的活性和调节因子的表达，进而影响了脂肪代谢。维生素 E 具有很强的抗氧化作用，能抑制脂肪氧化，延长牛肉的保存时间，改善牛肉嫩度和色泽。在日粮中加入适量的维生素 D 会降低牛肉 pH，使牛肉中钙含量增加，改善牛肉风味和嫩度。维生素 A 对脂肪含量和分布、脂肪颜色和肉色、肌肉的保水力和嫩度都有影响。在肉牛日粮中添加的矿物质及微量元素主要有钙、硒、铜、铁、锌、镁，这些元素通过参与机体能量、蛋白质和脂肪代谢进而影响肉品质。不同元素的代谢途径和通路有所不同。研究表明，在延边黄牛日粮中添加水平为 0.2% 和 0.3% 的硒锗酵母添加剂可提高外脊和臀中硒的含量，降低剪切力，提高肌肉弹性和抗氧化能力；铜元素可降低牛肉中饱和脂肪酸和胆固醇含量，提高不饱和脂肪酸含量等。

3 我国牛肉品质现状研究 》》

色泽、质地及大理石花纹等感官指标和营养价值（包括蛋白质及氨基酸组成、脂肪含量及脂肪酸组成等方面）是消费者选购优质牛肉的主要依据。

3.1 外观品质、加工品质和感官品质

目前，牛肉评定的指标主要有肉色、大理石花纹、嫩度、pH、滴水损失、系水力及营养成分等。肉色、质地和脂肪分布状况等牛肉外观品质特性，直接决定了消费者的购买欲望。如附录3所示，我国地区品牌牛肉的品质通常较好。

肉色是肌肉生理生化结构变化的外部表现，肌红蛋白含量不同直接导致牛肉色泽有差异。牛肉颜色由肌红蛋白含量及分解产物决定，牛肉光泽度由肌纤维细胞的系水性决定。人们在购买牛肉时，常常根据肉的颜色来判断肉质的好坏。色泽变化对牛肉营养价值的影响甚小，但对牛肉新鲜程度的影响甚大，一般以鲜樱桃的红色、有光泽的为最佳。因为在屠宰时会有因放血不完全而残留的血红素，血红素中的铁离子以二价形式存在，所以新鲜的牛肉呈樱桃红色；随着存放时间的延长，肌肉中的二价铁离子逐渐被氧化成三价铁离子，因而牛肉呈暗红色。多项研究表明，β-

烯醇化酶（ENO3）、过氧化还原蛋白 6（PRDX6）、热休克蛋白（HSP27）、磷酸葡萄糖变位酶 1（PGM1）、超氧化物歧化酶（CuZn-SOD）和 μ-钙蛋白酶（CAPN1）的差异表达对牛肉颜色具有重要作用。此外，肉色深浅还与肉牛品种、性别、年龄、日粮、饮水及牛肉的 pH 等有关。

有研究报道指出，饲粮中的粗饲料比例、肉牛日龄与肉色深度呈正相关。牛肉在加工贮存过程中会出现褪色现象，牛肉中肌红蛋白与氧气结合形成的氧合肌红蛋白的氧化速率是影响肉色稳定的关键因素。含有较高比例Ⅰ型肌纤维的肌肉具有更高的氧消耗速率，从而导致牛肉褪色迅速。颜色是对肉品质最直观的判断，虽然对肉质嫩度、口感风味等食用品质没有直接影响，但是肌肉复杂成分变化的外部表现，是判断肉质新鲜度和影响消费者接受程度的主要因素，是肉品质判定的一项重要指标。肉色测定方法除目测法外，还有色差法、化学测定法等。美国、法国、日本等畜牧业发达的国家研制的肉色比色板，可对肉色进行检测评分，使肉色检测更为准确、高效。肉色是由肉品中的肌红蛋白及血液中的血红蛋白产生的，也受细胞色素、维生素等有色物质的影响，如维生素 E 可以改善牛肉色泽，增加牛肉风味。

大理石花纹是指脂肪沉积在肌肉结缔组织内而形成的大理石样的花纹，一般通过肉眼观察判定。其与肉品质的嫩度、多汁性、口味等有直接关系，反映了肌内脂肪及肌间脂肪含量，是肉品质判定的重要指标。牛肉大理石花纹是通过第 12～13 肋间眼肌横切面的脂肪沉积量来确定的，按照我国农业行业标准《牛肉等级规格》（NY/T 676—2010）来进行等级评定，分为 1、2、3、

4、5共5个等级。大理石花纹受肉牛品种、日龄、性别、饲养管理等影响。有研究发现，黄牛公牛的粗脂肪、大理石花纹、背膘厚等指标次于阉牛。在肉牛育肥后期，机体以脂肪沉积为主，此时饲喂高营养饲料，胴体脂肪含量会显著提高，肌肉、皮下结缔组织中会沉积大量脂肪，形成肌内、肌间和皮下脂肪，肌内脂肪沉积到一定程度即会形成大理石花纹。肌肉脂肪含量是影响肉品质的重要因素。有研究表明，自由采食及补充精饲料可以提高牛肉的肌内脂肪含量，且适当延长肉牛育肥时间可以提高牛肉嫩度，增加眼肌面积和大理石花纹等级。

系水力是检测牛肉品质的一项重要指标，是指肌肉在外力作用下，如存在压力、切碎、加热、冻融等时保持原有水分的能力。牛肉质地与其系水力相关，贮存期间牛肉肌纤维束和肌束膜间、肌纤维和肌内膜间出现空隙可导致汁液和肌红蛋白流失，高温环境易导致牛肉的汁液过度流失。有研究提出，生长发育较好的肉牛具有更好的肌细胞韧性和完整性，有更强的保水能力。肉的失水率越高，系水力越低，保水性就越差。系水力高的牛肉能降低水分损失，提高熟肉率，保持滋味、香气、嫩度、颜色等食用品质，提高经济效益。系水力检测方法有滴水法、加压法、离心法等。蒸煮损失和熟肉率也是检测系水力的方法，是指在加热过程中肉对水分的保持能力。研究表明，加热温度和加热时间对牛肉的剪切力、黏着性、弹性和咀嚼性等品质有显著影响。蒸煮损失率大也是导致牛肉剪切力增加的原因之一。此外，肌肉 pH、蛋白质和脂肪含量、屠宰后的贮存时间等都可以影响肌肉的系水力。研究发现，宰前长途运输应激会使牛肉品质发生显著变化，表现为肌肉 pH 显著升高、系水力显著降低、肉品质显著降低。宰后冻融可明显增加牛肉蒸煮损失，蛋白质的降解率也增加。如表 3-1 所示，山东牛肉的剪切力为 51N，而新疆牛肉的剪切力为 38.7N，内蒙古牛肉的剪切力为 24.93～48.19N，可以供应给对肉质硬度有不同需求的人群。

表 3-1　各地区肉牛加工特性

省（自治区）	剪切力（N）	蒸煮损失（%）
内蒙古	24.93～48.19	19.35～26.97
山东	51	—
新疆	38.7	23.44

嫩度、多汁性和风味等食用品质特性是消费者判定牛肉品质的直接因素。嫩度是牛肉品质判定中最重要的适口性指标，与肌纤维数量和细度呈正相关，且受肌间脂肪含量的影响，肉牛品种、日龄、饲养管理方式和宰后加工方式等因素均对牛肉嫩度产生影响。肉的嫩度包括以下几个方面：肉对牙齿压力的抵抗性、肉对舌或颊的柔软性、牙齿咬断肌纤维的嚼碎程度。牛肉嫩度主要与牛肉中的结缔组织含量及分布、肌纤维纹理及亲水力有关。纹理较细、亲水力较强的肉较嫩，反之亦然。剪切力的值是反映牛肉嫩度最重要的指标，值越低表示牛肉越嫩。另外，牛肉嫩度与肉牛品种、性别、屠宰年龄、营养水平等有关。风味物质都是肉中固有成分经过复杂的生化反应而产生的各种有机化合物所致，由香味和滋味组成。香味的呈味物质是牛肉中一些挥发性的芳香物质，生肉不具备芳香性。在烹煮之后一些芳香前体物质经过美拉德反应、脂肪氧化及硫胺素降解而产生挥发性物质，赋予了肉的芳香。滋味的呈味物质是一些非挥发性物质，主要靠人的味觉器官来感觉，其中甜味来自葡

萄糖、核糖和果糖，咸味来自无机盐、谷氨酸盐和天冬氨酸盐，酸味来自乳酸和谷氨酸，苦味来自一些游离的氨基酸和肽类，鲜味来自谷氨酸钠和核苷酸等。多汁性与口腔用力、嚼碎难易程度和润滑程度有关，主要从以下几个方面来评判：咀嚼牛肉时释放肉汁的量、唾液分泌的量、肉汁释放的量，以及在牙齿及舌尖产生的滋润感。多汁性是影响肉制品食用的一个重要因素，牛肉的多汁性与系水力大小和脂肪含量多少呈正相关。在一定范围内，系水力越大、脂肪含量越多，则多汁性越好。

当饲喂相似体重和年龄的肉牛时，饲喂草料或饲喂浓缩料的肉牛所产牛肉的嫩度差异通常会消失（表 3-2）。研究发现，调控能量供应能引起公牛体重减轻或增加，但日增重与剪切力或嫩度没有关系（表 3-3）。

Glascock（2014）和 Miller 等（2014）研究了消费者对牛肉喜好的评级。其中，在烤架上烹制的牛排整体喜好度最高，而在瓦罐中烹制的牛肉最不受欢迎。在这些研究中，被训练有素的感官评价专家使用的描述牛肉风味属性的词汇与消费者接受度存在差异。为了了解消费者喜好与受过训练的感官评价专家描述牛肉风味属性之间的关系，研究人员计算了简单的相关性（表 3-4）。在 Miller 等（2014）的研究中，消费者的整体喜好与牛肉特性、棕色/烤制、油味、鲜味和总体甜味呈正相关，与纸板味呈负相关。对多汁性和嫩度的喜好与牛肉特性、棕色/烤制的关系不大，而对烧烤味的喜好与棕色/烤制高度相关。这些相关性系数表明，训练有素的感官评价专家用的描述性风味属性的词汇与消费者喜好评分之间存在一定的关系，但并非每个属性都有很强的相关。

表3-2　饲料（D）和屠宰后老化时间（T）对牛肉的剪切力（Warner-Bratzler, WBSF）和感官小组评估的影响（French等，2000）

老化时间（d）	青贮饲料和浓缩料			草料（g/kg DM）												SE	差异显著性		
				0			510			770			1000				D	T	D×T
	2	7	14	2	7	14	2	7	14	2	7	14	2	7	14				
WBSF（N）	51.9	37.1	35.6	55.0	37.8	33.3	49.7	36.1	37.5	38.9	33.2	31.4	53.4	38.4	39.1	2.39	NS	***	*
蒸煮损失（%）	31.3	34.6	32.4	33.1	33.5	32.9	31.7	34.5	33.6	30.9	33.2	31.3	30.2	32.1	31.8	0.570	NS	***	NS
嫩度†	4.62	5.02	5.34	4.44	5.43	5.63	4.25	4.84	5.10	4.77	5.83	5.60	5.15	5.65		0.187	NS	***	*
口感‡	3.57	3.68	3.70	3.69	3.42	4.03	3.41	3.78	3.91	3.57	3.48	3.72	3.67			0.123	NS	**	NS
风味§	3.79	3.94	3.69	3.76	3.97	3.86	4.01	3.90	3.99	3.72	3.58	3.80				0.112	NS	NS	NS
多汁性‖	4.97	4.27	3.59	4.54	4.03	4.08	4.73	4.33	3.64	4.64	4.20	4.08	3.97			0.224	NS	***	NS
咀嚼性¶	3.49	3.27	3.20	3.21	2.77	3.40	2.75	3.43	2.82	3.53	3.28	2.95				0.130	NS	***	NS
可接受性††	3.37	3.62	3.49	3.55	3.19	3.60	3.82	3.20	3.54	3.79	3.48	3.27	3.46	3.58		0.134	NS	***	*

注：NS＝无显著性，*P<0.05，**P<0.01，***P<0.001；†按分数1～8评估，"1"表示极软，"8"表示极硬，‡按分数1～6评估，"1"表示极差，"6"表示极好，§按分数1～6评估，"1"表示极差，"6"表示极好，‖按分数1～6评估，"1"表示极差，"6"表示极好，¶按分数1～6评估，"1"表示不能咀嚼，"6"表示能咀嚼，††按分数1～6评估，"1"表示不能接受，"6"表示非常能接受。

表3-3 屠宰前不同生长方式的肉牛胴体重和背最长肌嫩度（Moloney 等，2000）

项目	生长方式				SED	差异显著性
	连续（连续饲喂17周，宰前生长速度达到0.72kg/d）	低—高（宰前16周：前8周生长速度是0.36kg/d，后8周生长速度是1.08kg/d）	高—低（宰前16周：前8周生长速度是1.08kg/d，后8周生长速度是0.36kg/d）	振（波）动（宰前16周：前2周生长速度是0.36kg/d，第3~14周生长速度是0.72kg/d，后2周生长速度是1.08kg/d）		
宰前生长速度（kg/d）	0.76	1.15	0.52	0.73		
胴体重（kg）	300	300	296	296	4.5	NS
脂肪评分	3.36	3.31	3.39	3.60	0.218	NS
WBSF（N） 2d‡	5.96	7.42	6.22	6.97	0.907	NS
7d	4.13	5.54	4.43	4.69	0.558	NS
14d	3.88	4.63	4.33	3.82	0.490	NS
嫩度§ 2d‡	3.65	3.62	4.47	3.93	0.469	NS
7d	5.59	5.05	5.36	5.10	0.414	NS
14d	6.09	4.80	5.26	5.27	0.376	*

注：WBSF：Warner-Bratzler，剪切力；NS=无显著性，* $P<0.05$；‡老化时间；§按分数1~8评估；"1"表示极硬，"8"表示极软。

表 3-4　消费者喜好与训练有素的感官评价专家描述
牛肉风味属性之间的简单相关系数

经过训练感官评价专家描述的牛肉风味属性	Glascock (2014)[a]				Miller 等 (2014)[b]					
	总体（喜欢/不喜欢）	风味（喜欢/不喜欢）	牛肉味（喜欢/不喜欢）	烧烤味（喜欢/不喜欢）	总体（喜欢/不喜欢）	风味（喜欢/不喜欢）	牛肉味（喜欢/不喜欢）	烧烤味（喜欢/不喜欢）	多汁（喜欢/不喜欢）	嫩度（喜欢/不喜欢）
牛肉特性	0.05	0.07	0.07	0.14	0.55	0.56	0.54	0.65	0.28	0.38
棕色/烤制	0.27	0.26	0.27	0.40	0.56	0.58	0.57	0.73	0.28	0.34
血腥	0.22	0.23	0.23	0.13	0.24	0.19	0.14	0.13	0.46	0.32
油味	0.34	0.26	0.27	0.31	0.46	0.42	0.38	0.46	0.48	0.52
金属味	0.11	0.15	0.16	0.02	0.21	0.20	0.18	0.10	0.32	0.24
鲜味	0.13	0.10	0.11	0.04	0.31	0.30	0.29	0.34	0.20	0.24
总体甜味	0.08	0.04	0.02	0.12	0.29	0.33	0.31	0.38	0.20	0.27
甜味	0.10	0.08	0.08	0.16	0.26	0.30	0.29	0.33	0.20	0.23
纸板味	0.10	0.11	0.08	0.08	−0.34	−0.31	−0.27	−0.33	−0.30	−0.35

注：[a] 相关系数＞0.15 为差异显著（$P<0.05$）；[b] 相关系数＞0.14 为差异显著（$P<0.05$）。

3.2　营养品质

营养成分的种类和含量直接影响肉品质。营养品质具体内容包括蛋白质、氨基酸、脂肪、矿物质等。影响牛肉营养品质的因素包括年龄、性别、种类、部位、生长区域、饲养条件。

3.2.1　蛋白质及氨基酸

肉类是一种富含蛋白质和脂质的食物，具有较高的营养价值，蛋白质和脂质在赋予肉品质特征方面起着不可替代的作用。血红蛋白决定肉的色泽（外观），脂质对肉品风味具有重要的影响，肌原纤维蛋白等非血红素蛋白赋予肉品质的结构特性。蛋白质含量是决定肉制品营养价值的主要因素，牛肉因其蛋白质中氨基酸组成比例及含量，而在人类膳食营养中被定义为高品质蛋白质食品。另外，蛋白质含量与功能特性对肉制品的品质起着决定性作用，如风味、色泽和保水性等。与人们消费量较大的其他肉产品相比，牛肉具有高蛋白质、低脂肪等特点，且富含人体所需的必需氨基酸和有利于身体健康的不饱和脂肪酸（unsaturated fatty acid，PUFA），属于优质蛋白质来源。

我国牛肉中蛋白质含量为 13.8%～28.1%，其中黑龙江、吉林、山东、安徽、山西、宁夏、陕西、重庆、江西、广东的牛肉中蛋白质含量较高，均高于 20%。甘肃、湖南的牛肉中蛋白质含量较低，而内蒙古、河南、新疆、青海、四川、云南、贵州、广西的牛肉中蛋白质含量跨度较大。主要是因为这些地区养殖的肉牛品种多、养殖户规模类型多，所以同一地区牛肉中的蛋白质含量差异较大。我国记录在册的部分地理标志产品及区域公共品牌牛肉产品的蛋白质指标情况见表 3-5。

表 3-5　各优势区所产牛肉中的蛋白质含量

优势产区	省（自治区、直辖市）	蛋白质含量（%）
东北	黑龙江	22
	吉林	21.5
	内蒙古	14.82～24.0
中原	河南	18.6～23.6
	山东	22.5～24.0
	安徽	20.2

（续）

优势产区	省（自治区、直辖市）	蛋白质含量（%）
西北	新疆	16.0～23.8
	宁夏	20.0～23.0
	甘肃	13.8
	陕西	23.4
西南	四川	17.9～22.0
	重庆	23.4
	贵州	19.0～24.0
	广西	18.2～24.0

　　氨基酸是组成蛋白质的基本单位，各类氨基酸成分、含量和比例是评价肉类蛋白质营养价值、食用鲜味和品质的首要指标。肉中氨基酸的组成及比例与人体非常接近，含有人体所需的全部必需氨基酸。有研究表明，牛肉中含有人体所需的 8 种必需氨基酸，且必需氨基酸占总氨基酸的比例达到 39.0%，在人类膳食营养中属于高蛋白质食品。牛肉中的氨基酸易于被人体吸收，能提高机体免疫力，牛肉的健脾化痰作用可为中老年人组织器官的健康提供保障。氨基酸除了一般的营养功能外，还是肉中呈味物质的主要来源之一，氨基酸热解、氨基酸参与的美拉德反应，以及脂类的氧化热解等形成了肉香味的重要化学反应。一些游离氨基酸在直接形成滋味的同时，也是大部分风味物质的前体物质。例如，缬氨酸、异亮氨酸、亮氨酸、蛋氨酸等降解后能产生 2-甲基丙醛、2-甲基丁醛、3-甲基丁醛、含硫化合物、吡嗪、蛋氨酸、半胱氨酸，以及与还原糖发生美拉德反应产生呋喃类化合物。按不同氨基酸使肉呈现的味道不同，可分为 3 种。其中，谷氨酸和

天冬氨酸是鲜味氨基酸，谷氨酸的作用最为关键；丙氨酸、甘氨酸、丝氨酸、脯氨酸和苏氨酸是甜鲜味氨基酸；而苦味氨基酸包括蛋氨酸、缬氨酸、亮氨酸、异亮氨酸、苯丙氨酸、酪氨酸、色氨酸、组氨酸、赖氨酸和精氨酸。呈味氨基酸是优质蛋白质的重要组成成分，可提高机体健康、预防高血压等慢性疾病。研究显示，由苦味氨基酸中的苯丙氨酸形成的二肽和三肽与血管紧张素转化酶具有相同的苦味靶受体，可以抑制血管紧张素转化酶的活性，发挥降压作用。苯丙氨酸又可作为营养增补剂，在机体中可转变为另一种苦味氨基酸——酪氨酸，能促进甲状腺素及肾上腺素的合成。酪氨酸在医药、农业、食品等领域有广泛应用，具有预防阿尔海默茨症、促进新陈代谢等作用。据报道，谷氨酸、精氨酸和甘氨酸等呈味氨基酸可调节体内其他氨基酸的吸收，保证蛋白质的营养均衡。

如表 3-6 所示，我国目前各地区地理标志及区域公共品牌的牛肉产品中氨基酸含量数据较缺乏，其中重庆的牛肉中总氨基酸含量较高，达到 22 660 mg（以 100g 计）；内蒙古、新疆、甘肃、青海、贵州、广西的牛肉中总氨基酸含量跨度较大；内蒙古和甘肃的牛肉中氨基酸数据较全面，其中内蒙古牛肉中甘氨酸含量高于甘肃牛肉，其他种类的氨基酸含量与甘肃牛肉的差别较小。

3.2.2 脂肪

脂肪酸的含量和种类不仅直接影响牛肉的营养价值，且对人体健康具有重要意义。挥发性脂肪酸的种类和数量差异，造成牛肉风

表 3-6　各地区牛肉中的氨基酸含量（mg，以 100g 计）

产区	省（自治区、直辖市）	氨基酸总量	蛋氨酸	赖氨酸	天冬氨酸	谷氨酸	丙氨酸	组氨酸	甘氨酸	丝氨酸	异亮氨酸	亮氨酸	苯丙氨酸	缬氨酸
东北地区	吉林		18											
	内蒙古	10 000～24 000	460～520	1 740～1 790	1 780～2 030	3 110	1 250	750	990		890～903	1 650	880	1 060
中原地区	河南	7 710	472	1 480	1 900	3 320								
西北地区	新疆	9 185～15 600	30～520	2 030	1 780						890			
	甘肃	14 400～20 100	413～750	1 290～2 900	1 340～1 980	2 190～3 210	800～1 303	570～1 000	770～881	582～950	660～1 000	1 170～1 960	708～1 010	730～1 100
	青海	15 000～22 500												
西南地区	重庆	22 660												
	贵州	15 500～24 500												
	广西	16 000～24 000												

味不同。当遇热时，脂肪和蛋白质中的氨基酸或其他成分结合，释放出风味，故脂肪是产生肉风味的重要因素之一。牛肉中的脂肪以膜脂肪（如磷脂）、肌间脂肪（肌肉之间）、肌内脂肪和皮下脂肪的形式存在，其中对肉质营养价值和商品价值影响较大的是肌内脂肪。肌内脂肪组织比较丰富的牛肉在视觉上呈现大理石花纹状，肌内脂肪越多则大理石花纹越丰富，牛肉的商品价值就越大。大理石花纹丰富度对牛肉多汁性和风味的影响比对嫩度的影响更大。肌内脂肪的堆积主要发生在肉牛的育肥阶段，但是也有研究认为肌内脂肪的增加与肉牛生长发育之间的关系呈线性。遗传因素是影响大理石花纹的最主要因素之一。

脂肪酸组成不仅对牛肉风味的形成具有重要的影响，而且对人体健康有非常重要的影响。研究表明，肉中的饱和脂肪酸（saturated fatty acid，SFA）对香味可产生消极影响，而不饱和脂肪酸（unsaturated fatty acid，UFA）会产生积极影响。另外，临床研究表明，饱和脂肪酸具有提高人体血液中低密度脂蛋白胆固醇含量的作用，并且可引起冠状动脉硬化等心脑血管疾病。正因如此，大部分卫生及膳食营养机构和组织建议人类饮食中应减少饱和脂肪酸的摄取量，并组织科研力量从事降低膳食中饱和脂肪酸含量的研究。单不饱和脂肪酸（monounsaturated fatty acid，MUFA）中油酸的含量最多，不饱和脂肪酸的生理功能同样主要由油酸所体现。研究发现，单不饱和脂肪酸具有调节血脂、降低胆固醇、降血糖、降血压、防止血栓形成、预防动脉粥样硬化等功能。油酸与亚油酸等多烯酸在降低血清总胆固醇和低密度脂蛋白胆固醇的作用方面具有相似的效果。牛肉中的 MUFA 含量

（49.11％）显著高于猪肉（44.63％）、羊肉（33.25％）和鸡肉（30.96％），具有更强的保健功能。多不饱和脂肪酸（polyunsaturated fatty acid，PUFA）是指碳链长度在 18 个碳原子以上且含有多个顺式或反式双键的脂肪酸。在体内，PUFA 是细胞膜结构的组成成分，可调节生理功能。功能性脂肪酸是不饱和脂肪酸，对人体有特殊的功能或营养价值，主要包括 α-亚麻酸、亚油酸、二十碳五烯酸（eicosapentaenoic acid，EPA）、二十二碳六烯酸（docosahexaenoic acid，DHA）及花生四烯酸等。α-亚麻酸在人体中主要作为 EPA、DHA 的合成前体，其他功能还有待进一步研究。亚油酸是一种人体必需脂肪酸，在机体内含量极为丰富，具有降血脂、降血压、预防心脑血管疾病的功效，还参与人体物质循环和免疫调节。EPA 及 DHA 具有维护脑和视网膜的功能，以及延缓脑衰老、预防和治疗心脑血管疾病、抑制肿瘤生长、抗炎、抑制过敏反应、保持心脏健康、改善婴幼儿大脑和视力等作用。花生四烯酸可舒张血管、促进脑的生长发育、参与造血和免疫调节、激活和抑制血小板聚集、诱导和抵抗炎症、改善记忆力与视力、调节神经内分泌和促进细胞分裂、调节血脂和血糖、预防心脑血管疾病和肿瘤等生理功能，应用领域十分广阔。评价脂肪酸组成优劣时，各类脂肪酸之间的平衡非常重要。牛肉中的共轭亚油酸含量分别是猪肉及鸡肉中的 2.5 倍和 15.0 倍。大量研究结果显示，共轭亚油酸在提高人体免疫力、预防心脑血管疾病及抗癌等方面均有积极作用。此外，牛肉中 n-6∶n-3 PUFA 的比值合理，并含有丰富的 DHA 和 EPA 等功能性脂肪酸以及维生素和矿物质。日本 2000 年修订的脂质推荐的摄入量是 SFA∶

MUFA：PUFA 为 3：4：3。世界卫生组织推荐，膳食营养中脂肪的摄入量应少于摄入总能量的 30%，同时 PUFA：SFA 最好高于 0.4：1。n-6：n-3 PUFA 的比值通常被用来评估脂肪的营养价值。美国卫生署 1994 年推荐的对于健康人群每日摄入的n-6：n-3 PUFA 为 4：1，Simopoulos 等（1999）的研究建议为 5：1，中国营养学会推荐比值为(4～6)：1。

饲料会影响牛肉中的脂肪酸组成，与富含 C18：3n-3 和 C18：2n-6 的浓缩物相比，饲喂鲜草或青贮草会导致牛肉脂质中的 n-3 PUFA 浓度更高，包括三酰甘油和磷脂部分（表 3-7）。与浓缩物喂养相比，饲草喂养不仅增加了牛肉中的 C18：3n-3，而且还增加了 EPA、DPA 和 DHA。有研究表明，饲料中饲草比例和饲喂时间长短对于确定牛肉脂肪酸的反应很重要。用玉米青贮饲料和浓缩料喂养舍饲公牛导致 C18：2n-6 含量更高，n-6：n-3 PUFA 的比值比放牧时更高。

表 3-7　饲草对牛肉背最长肌脂肪酸组成的影响

（mg，以 100g 组织计）

不同含量的饲草与浓缩料（Warren 等，2003）

脂肪酸	饲草	浓缩料	SED	显著性
总脂肪酸	2 581	1 724	139.3	***
C18：2n-6	62.0	146.9	6.68	***
C18：3n-3	32.0	7.2	1.60	***
C20：5n-3	17.7	4.5	1.05	***
C22：5n-3	10.8	10.8	1.28	***
C22：6n-3	5.0	1.3	0.30	***
n-6：n-3 PUFA	1.2	8.9	0.24	***
P：S	0.09	0.24	0.010	***

（续）

饲草比例（g/kg DM）（French 等，2000）

脂肪酸	饲草（g/kg DM）				SED	显著性
	0	510	770	1 000		
总脂肪酸	3 410	4 490	4 020	4 360	650.5	NS
C18：2n-6	120.5	105.8	94.4	85.9	6.05	**
C18：3n-3	29.3	35.4	41.1	46.0	1.78	**
C20：5n-3	4.9	11.0	9.8	9.4	1.32	*
n-6：n-3 PUFA	4.15	2.86	2.47	2.33	0.197	**
P：S	0.09	0.10	0.11	0.13	0.010	**

饲喂时间（d）（Noci 等，2005）

脂肪酸	0	40	99	158	SED	显著性
总脂肪酸	2 461	2 329	2 754	2 515	177.5	NS
C18：2n-6	62.1	63.7	59.4	59.0	3.32	NS
C18：3n-3	19.6	25.4	30.9	34.4	1.86	***
C20：5n-3	5.6	5.5	6.4	7.7	0.50	***
C22：6n-3	3.22	2.86	2.78	2.72	0.606	NS
n-6：n-3 PUFA	2.21	1.99	1.63	1.46	0.108	***
P：S	0.12	0.14	0.12	0.15	0.009	***

不同含量的饲草与红三叶草（Scollan 等，2006）

脂肪酸	饲草	饲草：红三叶草（50：50）	红三叶草	红三叶草＋维生素 E	SED	显著性
总脂肪酸	3 081	3 639	4 001	3 074	604.7	NS
C18：2n-6	73.2	92.8	113.2	99.3	6.68	***
C18：3n-3	22.5	34.1	50.7	37.5	3.83	***
C20：5n-3	12.9	13.4	14.9	14.5	1.33	NS
C22：5n-3	21.65	23.89	25.11	24.25	2.93	NS
C22：6n-3	2.51	2.34	2.78	2.65	0.275	NS
n-6：n-3 PUFA	3.28	2.73	2.30	2.66	0.15	***
P：S	0.07	0.09	0.10	0.12	0.01	**

注：NS＝无显著性；$^*P<0.05$；$^{**}P<0.01$；$^{***}P<0.001$。

研究证明，将富含 C18：3n-3 的亚麻籽油直接注入小肠，显著增加了牛肉中的 n-3 PUFA 含量。加入与消耗量相当的亚麻籽油，可使肌肉中的 C18：3n-3 从 26.3mg 增加到 176.5mg（以 100g 计），同时增加了多不饱和脂肪酸：饱和脂肪酸（P：S）的比值，降低了 n-6：n-3 PUFA 的比值。有多项研究表明，将受保护的植物油补充剂添加给肉牛以后，会显著提高 P：S 的比值（从 0.08 到 0.27），但也增加了肌肉中的 n-6：n-3 PUFA（从 2.75 到 3.59）。n-6：n-3 PUFA 比值为 1：1 的受保护植物油补充剂会降低肌肉中 n-6：n-3 PUFA 的比值（从 3.59 到 1.88），同时保持高 P：S 比值。在已有的研究中都未观察到对 DHA 浓度的影响。但研究表明，添加鱼油的瘤胃保护增加了组织中 EPA 和 DHA 的浓度，但对 P：S 比值几乎没有影响，并且仅在最高水平饲喂时才提高 n-6：n-3 PUFA 的比值（表 3-8）。在反刍动物中长链 n-3 PUFA 主要结合到膜磷脂中，并没有结合到三酰甘油中。鱼油中 EPA 和 DHA 的浓度取决于鱼的种类，最多占鱼油总脂肪酸的 25%。

表 3-8　脂肪来源对牛肉背最长肌脂肪酸组成的影响

（mg，以 100g 组织计）

不同油来源（Scollan 等，2001）

脂肪酸	对照	亚麻籽	鱼油	亚麻籽/鱼油	SED	显著性
总脂肪酸	3 529	4 222	4 292	3 973	741.0	NS
C18：2n-6	81	78	66	64	9.2	NS
C18：3n-3	22	43	26	30	5.6	**
C20：5n-3	11	16	23	15	1.9	***
C22：5n-3	15	15	16	16	0.7	NS
C22：6n-3	2.2	2.4	4.6	4.9	0.52	***
n-6：n-3 PUFA	2.00	1.19	0.91	1.11	0.106	**
P：S	0.07	0.07	0.05	0.05	0.008	NS

（续）

防止瘤胃生物氢化的植物油（Scollan 等，2004）

脂肪酸	对照	植物油（g/d）			SED	显著性
		400	800	1 000		
总脂肪酸	4 685	4 976	4 880	4 895	737.0	NS
C18：2n-6	120	255	279	305	23.4	***
C18：3n-3	29	102	118	139	13.1	***
C20：5n-3	13	15	14	16	1.1	*
C22：5n-3	23	24	20	20	1.7	*
C22：6n-3	1.9	1.8	1.5	1.6	0.272	NS
n-6：n-3 PUFA	2.27	2.02	2.00	1.88	0.055	***
P：S	0.07	0.18	0.20	0.22	0.018	***

防止瘤胃生物氢化的鱼油（Richardson 等，2004）

脂肪酸	对照	鱼油（g/d）			SED	显著性
		50	100	200		
总脂肪酸	4 698	4 092	3 858	4 258	614.2	NS
C18：2n-6	88	81	87	93	6.7	NS
C18：3n-3	25	23	23	26	1.9	NS
C20：5n-3	14	14	15	18	1.6	*
C22：5n-3	23	21	20	19	1.2	*
C22：6n-3	3.4	7.0	9.8	12.0	0.81	***
n-6：n-3 PUFA	1.70	1.55	1.61	1.56	0.060	*
P：S	0.06	0.06	0.07	0.07	0.007	NS

　　由于牛肉样品采样具有差异性，因此各地区地理标志和区域公共品牌的牛肉产品中脂肪含量差异较大，大多数地区的牛肉脂肪含量较低，如黑龙江、吉林、山东、安徽、山西、新疆、甘肃、青海、重庆、云南、广西、江西、湖南、广东含量多在 5.8% 以下（表 3-9）。内蒙古、河南、宁夏、贵州 4 个地区的牛肉脂肪含量跨度较大，出现这一现状的原因可能与这 4 个地方牛肉产量大、测样选取的分割部位不同有关。内蒙古、河南、新疆 3 个地区的牛肉中

不饱和脂肪酸含量均在 50% 以上，说明这 3 个地区的牛肉不饱和脂肪酸含量较高。

表 3-9   各地区肉牛中脂肪及脂肪酸含量

优势区	省（自治区、直辖市）	脂肪（%，以组织计）	不饱和脂肪酸（%，以脂肪计）	亚油酸（C18:2n6c）（%，以脂肪计）	A-亚麻酸（C18:3 n-3）（%，以脂肪计）	花生四烯酸（C20:4 n-6）（%，以脂肪计）	二十二碳六烯酸（DHA）（%，以脂肪计）
东北	黑龙江	3.0					
	吉林	1.5					
	内蒙古	1.7~18.5	53.5~62.7	3.4~6.1	0.73		
中原	河南	0.6~8.1	53.7~55.6	5.36~8.25	0.48		
	山东	0.14~2.0					
	安徽	2.3					
西北	新疆	1.0~5.8	57.5	3.42~20.7	2.2	1.1	
	宁夏	0.1~10					
	甘肃	1.02~2.82		6.33			0.55
西南	重庆	4.0					
	贵州	1.9~10.0					
	广西	1.0~5.3					
其他	江西	1.0		26.9	7.26		
	湖南	1.3					
	广东	2.0					
	山西	3.9					
	青海	0.5~5.1	37.4				
	云南	5.00~5.42					

3.2.3   矿物质

矿物质元素是构成机体组织的重要成分，并参与体内的物质代谢及免疫氧化过程，对提高营养物质的利用率、防止营养缺乏病有重要意义。矿物质在牛肉中含量占总营养物质的 1.5% 左右，虽然含量很少，但对肉质的影响却很大。牛肉中主要矿物质元素包括Ca、Mg、Zn、Na、K、Fe、P、Cl 等，各自具有不同的功能并影响着牛肉品质。Ca 和 K 可以通过在细胞中的作用，影响牛肉嫩度。K、Na 的含量与细胞膜通透性有关，进而影响牛肉的保水性能。Fe 离子为肌红蛋白、血红蛋白的结合成分，参与氧化反应，影响肉色的变化。作为机体中 Fe-SOD、CuZn-SOD（超氧化物歧化酶）重要组成部分的 Cu 与 Fe，对于消除自由基和抗氧化具有重要作用，从而减少自由基对肉品的损害，改善肉品质量。

牛肉中的矿物质含量与肉牛生长环境及所喂饲料有关。当肉牛生长环境中的矿物质含量较高，且食用的牧草中矿物质含量也相应偏高时，牛肉中的矿物质含量就会相对偏高。根据表 3-10 所示，新疆牛肉中 Se 含量较高，为 $10.00 \sim 13.57 \mu g$（以 100g 牛肉计）。广西牛肉中 Fe 含量较高，为 $12.4 \sim 13.3 mg$（以 100g 牛肉计）。同一地区不同肉牛品种所产牛肉中的矿物质含量有差异。研究表明，同在内蒙古养殖的蒙古牛其肉中的矿物质含量总体高于西门塔尔牛，其中 Fe 含量是西门塔尔牛肉中含量的 1.85 倍。同时，与陕北地区秦川牛及山东地区鲁西牛肉中微量元素相比，蒙古牛肌肉中微量元素含量普遍较高。这主要的原因是蒙古牛常年生长在土壤偏碱性、水质矿化度高、牧草干物质多、种类丰富的天然草场上。

表 3-10　各地区肉牛中的矿物质含量（以 100g 牛肉计）

优势区	省 （自治区、 直辖市）	Se （μg）	Fe （mg）	Zn （mg）	Ca （mg）	Mg （mg）	K （mg）
东北	内蒙古	5.7～9.7	1.2～9.91	2.68～6.08	5.66～23.2		

（续）

优势区	省 （自治区、 直辖市）	Se （μg）	Fe （mg）	Zn （mg）	Ca （mg）	Mg （mg）	K （mg）
中原	河南	5.8~8.9	2.4~3.2	3.81			
	山东		2.3~2.4	4.6~4.7	5~6		
西北	新疆	10.00~13.57	2.7~4.08	4.73~5.2	8.96~18.6	28.6~30.8	216
	甘肃		1.85~6.6	2.3~6.61	2.1~5.48	24.8~43.1	3.78
	陕西		2.22		5.27		
西南	四川		2.98		40.3		
	重庆		1.94				
	贵州	6.5	2.0	2.0	3.2		320
	广西	3.4~3.9	12.4~13.3	3.6~4.0			
其他	广东			3.4			
	青海	1.8	3.6~16.6		3.74~40		

4 牛肉品质相关标准梳理 》》

随着消费理念从"吃饱"向"吃好"的转变，牛肉品质和质量安全成为广大消费者关注的焦点之一。如何满足消费者更高的品质和质量安全需求是值得牛肉行业思考的话题，而法规标准是牛肉及其产品质量的重要保障。当前，国内外对牛肉及其产品标准规范的制定更加细化，不再局限于初级牛肉产品如新鲜牛肉；与此同时，针对具体牛种类（如水牛）的标准规范逐步完善。目前，发布牛肉产品标准规范的主要为牛肉加工产品标准。例如，肯尼亚 2017 年 4 月 10 日发布的《干肉　规范》（G/TBT/N/KEN/571）中，规定了干肉产品质量和安全标准（食品添加剂、微生物、重金属、兽药残留指标等）、包装和标签要求，该标准适用于国产和进口干肉产品；南非 2018 年 7 月 20 日发布了加工肉制品强制性规范（VC9100），规定了高风险加工肉制品的处理、包装、冷藏、运输、贮存、标识标签、微生物指标和成分。东非 2019 年 3 月 19 日发布的《罐装咸牛肉　规范》（G/SPS/N/KEN/123），规定了罐装咸牛肉产品的要求和抽样测试方法；越南 2019 年 11 月 27 日发布的《国家标准：冷冻肉　第 2 部分：水牛肉、牛肉》（G/SPS/N/VNM/108），规定了冷冻水牛肉和牛肉作为食品的技术要求，包括屠宰、冷冻要求、理化参数、食品安全指标（重金属、微生物、兽药残留、寄生虫等）、标签、包装、运输、贮存和保质期等；牛肉主产国巴西 2020 年 8 月 22 日发布的《牛肉干、腌制干咸肉和干咸杂碎的特性和最低质量要求技术法规》，规定了相应产品特性和最低质量要求。

等级标准一直被认为是衡量牛肉产品级别的依据，主要有产量级和质量级两种分级制度。所谓质量级是以牛肉品质为依据的分级标准，评定内容包括大理石花纹、质地、光泽和生理成熟度（年龄）等。世界各国牛肉质量等级标准的体系不尽相同，如美国为八级标准，日本为五级标准，澳大利亚为九级标准，新西兰为三级标准，我国为四级标准等。美国农业部在 2017 年 12 月 6 日更新了牛胴体等级标准，新增允许将"齿系"和"牛实际年龄"作为牛胴体成熟度质量等级分类的附加方式，通过齿系或牛实际年龄将被确定为小于 30 月龄的牛胴体被归类为 A 成熟度，最终质量等级将由大理石花纹程度确定。东非 2019 年 3 月 19 日发布的《2019 肉类等级和切块规范　第 1 部分：牛肉等级和切块》（G/SPS/N/KEN/122），规定了供人类食用牛肉的分级及等级，包括小牛肉及其胴体质量安全要求、抽样测试方法。肯尼亚 2016 年 11 月 22 日发布的牛肉分级方法和档次标准（G/TBT/N/KEN/498），规定了牛胴体质量要求、安全要求、分析取样方法及供销售的牛肉分割方法。加拿大 2019 年 10 月 28 日发布了《牛、野牛和小牛胴体等级要求》修正案，将小牛胴体的最大重量从 180kg 修改为 190kg，因此，牛胴体的最低重量已从 180kg 以上增加到 190kg 以上，该修正案于 2020 年 1 月 15 日起生效。韩国食品药品部 2019 年 11 月 27 日修订的《牛肉和猪肉的标示方法及分割标准》（2019-113 号公告），建立了牛肉等级标示区域表，添加了牛肉肌内脂肪标示方法，要求如果是"1＋＋级"的牛肉，则需要在标签上标识牲畜等级证书上标明的肌内脂肪图。乌干达《肉类分级系统　要求　第1部分：牛肉》（第2版）于2020年11月7日起生效，规定了牛胴体的质量分级系统，适用于所有牛种类；与此同时，2020年12月15日《肉类等级和肉类切块　规范　第1部分：牛肉等级和切块》生效，规定了牛肉的分级方法和等级，包括质量和安全要求、取样和测试方法，定义了待售牛胴体的主要部分。墨西哥农业和农村发展部2020年11月23日发布的牛肉分级国家标准，包括定义和术语、不同等级牛肉的感官特征、测试方法、标签标示规定、合格评定程序、官方监管验证等，通过判断胴体的生理成熟度和脂肪大理石状花纹的分布情况，将牛肉分成不同的质量等级。克罗地亚农业部2021年6月17日发布的《牛肉、猪肉和绵羊胴体的分类和标记及来自不满12个月龄牛的牛肉胴体标记条例》，主要规定了胴体的分级和标记程序，要求对胴体进行分级时，需附加标记胴体实际"脂肪含量"指标与分级确定等级相应"脂肪含量"的匹配性，包括更好、较差或相符3个等级。

目前，我国现行有效的牛肉产品标准共134项。其中，推荐性国家标准10项、行业标准10项、地方标准52项、团体标准47项、企业标准15项（部分标准见表4-1）。与牛肉品质相关的标准共25项，包括国家标准9项、行业标准8项、地方标准6项、团体标准2项。与内蒙古地区相关的标准4项，按内容分类主要包括牛和牛肉类标准。与牛相关的标准，指标侧重于牛的体态、外貌。与牛肉相关的标准对感官指标（色泽、黏度、弹性、滋味、气味、煮沸后肉汤、肉眼可见异物、组织及形态等）和营养及理化指标（蛋白质、脂肪、水分、总糖、氯化物、铅、砷、镉、汞、氟、砷、铜、亚硝酸盐、挥发性盐基氮、酸价、过氧化值等）提出了明确要求。此外，地理标志牛肉类标准也对肉牛品种、饲养、屠宰，以及牛肉标志、标签、包装、运输等指标提出了要求。对比各标准的感官要求可知，感官指标侧重于相对性的评价或比较，如肌肉红色均匀、有光泽，脂肪呈白色或乳白色，气味正常，表面不粘手，无肉眼可见杂质等。而营养及理化指标则侧重量化评价，如水分参考《畜禽肉水分限量》（GB 18394—2020），或是在牛肉国家标准的水分限量内（小于74%）。部分标准将挥发性盐基氮、铅、砷、镉、汞等重金属归类为污染指标或卫生指标，标准规定的参数均符合国家标准的相应要求。部分团体标准将蛋白质、脂肪作为评价指标，少数标准推出氨基酸等营养指标相关评价项目。

目前，国内外牛肉相关法规标准愈趋细化，产品标准从生牛肉向深加工牛肉罐头、牛肉干、腌制干咸牛肉和干咸杂碎等制品延伸，内容涉及理化指标、卫生指标、标签甚至进出口要求等相关规定。分类等级及农药兽药残留、食品添加剂、辐照等卫生指标与检验仍是各国关注的重点，相关标准的制定、修订仍然较为普遍且更新速度较快。我国在国家层面尚未制定针对牛肉产品（含肉类产品）的法规，最权威的《食品安全法》《食品卫生法》中尚无针对牛肉产品（含肉类产品）的专门条款，在地方法规或部门规章中才有相应较为细致的规定。而国外的一些国家如美国，已制定较为完善的针对肉类产品检验的法规，有利于做好牛肉产品整体质量控制。我国牛肉产品标准少且以检验方法和具体产品标准为主，过程控制、品质指标相对较少，同时标准更新速度也较慢。

表4-1　我国牛肉品质部分相关标准梳理

序号	标准名称	标准编号	感观指标	理化指标	备注
1	《鲜、冻四分体牛肉》	GB/T 9960—2008	色泽、黏度、弹性、气味、煮沸后肉汤、肉眼可见异物	水分、挥发性盐基氮、铅、砷、镉、汞	
2	《鲜、冻分割牛肉》	GB/T 17238—2008	色泽、黏度、弹性、气味、煮沸后肉汤、肉眼可见异物	水分、挥发性盐基氮、铅、砷、镉、汞	
3	《地理标志产品 平遥牛肉》	GB/T 19694—2008	色泽、滋味、气味、组织及形态	锌、食盐、亚硝酸盐、铅、砷、镉、汞	
4	《牦牛肉干》	GB/T 25734—2010	形态、色泽、滋味及气味	蛋白质、脂肪、水分、总糖、氯化物、铅、砷、镉、汞	
5	《牛肉等级规格》	NY/T 676—2010	大理石花纹、生理成熟度、肌肉色、脂肪色		
6	《牦牛肉》	NY/T 3356—2018	色泽、黏度、弹性、气味、煮沸后肉汤、肉眼可见异物	水分、挥发性盐基氮、铅、砷、镉、汞、氟	NY/T 3356—2018标准文本暂未找到,指标采用《牦牛肉》(SB/T 10399—2005)
7	《科尔沁牛肉》	DB15/T 1717—2019	色泽、黏度、弹性、气味、煮沸后肉汤、肉眼可见异物	水分、挥发性盐基氮、铅、砷、镉、铜、汞、氟、亚硝酸盐	"蒙"

（续）

序号	标准名称	标准编号	感观指标	理化指标	备注
8	《呼伦贝尔牛肉》	DB15/T 1729—2019	组织状态、色泽、气味、肉眼可见异物	水分、挥发性盐基氮、铅、砷、铜、镉、汞、氟、亚硝酸盐	"蒙"
9	《地理标志产品 通榆中国草原红牛肉》	DB22T 1599—2012	色泽、黏度、组织状态、气味、煮沸后肉汤	砷、镉、汞、氟、挥发性盐基氮、酸价、过氧化值	
10	《地理标志产品 延边黄牛肉》	DB22/T 1849—2013	色泽、黏度、弹性、气味、杂质	水分、粗脂肪、粗蛋白质、谷氨酸、油酸、挥发性盐基氮、铅、砷、镉、汞	
11	《阿鲁科尔沁牛肉》	T/NMSP 2—2020	组织状态、色泽、气味、肉眼可见异物	挥发性盐基氮、水分、铅、砷、镉、汞	"蒙"
12	《沈阳品牌农产品 辽育白牛肉》	T/SNPC 009—2018	色泽、黏度、弹性、气味、煮沸后肉汤、肉眼可见异物	挥发性盐基氮、水分、铅、砷、镉、汞	

参 考 文 献

French P, O'Riordan E G, Monahan F J, et al, 2000. Meat quality of steers finished on autumn grass, grass silage or concentratebased diets [J] . Meat Science, 56: 173-180.

French P C, Stanton C, Lawless F, et al, 2000. Fatty acid composition, including conjugated linoleic acid, of intramuscular fat from steers offered grazed grass, grass silage or concentrate-based diets [J] . Journal of Animal Science, 78: 2849-2855.

Glascock R A, 2014. Beef flavor attributes and consumer perception [D] . Texas A&M University, College Station.

Miller R K, Luckemeyer T, Kerth C R, 2014. Beef flavor attributes and consumer perception II [M] . Final Report to National Cattlemen's Beef Association.

Moloney A P, Keane M G, Mooney M T, et al, 2000. Fat deposition and muscle tenderness in steers with different patterns of concentrate consumption [M] . In Proceedings of the Agricultural Research Forum, 107-188 [P O'Kiely, Collins J F, Storey T] . Dublin, Republic of Ireland: Teagasc.

Noci F, Monahan F J, French P, et al, 2005. The fatty acid composition of muscle fat and subcutaneous adipose tissue: influence of the duration of grazing [J] . Journal of Animal Science, 83: 1167-1178.

Scollan N D, Costa P, Hallett K G, et al, 2006. The fatty acid composition of muscle fat and relationships to meat quality in Charolais steers: influence of level of red clover in the diet [M] . In Proceedings of the British Society of Animal Science.

Warren H E, Enser M, Richardson I, et al, 2003. Effect of breed and diet on total lipid and selected shelf-life parameters in beef muscle [M] . In Proceedings of British Society of Animal Science.

附录1 我国牛及牛肉地理标志产品汇总

序号	产品名	地域范围
1	穆棱肉牛	黑龙江省牡丹江市
2	桦甸黄牛肉	吉林省吉林市
3	辽宁辽育白牛	辽宁省抚顺市
4	三河牛	内蒙古自治区呼伦贝尔市
5	巴林牛肉	内蒙古自治区赤峰市
6	科尔沁牛	内蒙古自治区通辽市
7	乌审草原红牛	内蒙古自治区鄂尔多斯市
8	兴安盟牛肉	内蒙古自治区兴安盟
9	阿拉善蒙古牛	内蒙古自治区阿拉善盟
10	达茂草原牛肉	内蒙古自治区包头市
11	早胜牛	甘肃省庆阳市
12	张家川红花牛	甘肃省天水市
13	天祝白牦牛	甘肃省武威市
14	肃南牦牛	甘肃省张掖市
15	玛曲牦牛	甘肃省甘南藏族自治州
16	呼图壁奶牛	新疆维吾尔自治区昌吉回族自治州
17	达因苏牛肉	新疆维吾尔自治区
18	无棣黑牛	山东省滨州市
19	鲁西黄牛	山东省济宁市
20	互助青海白牦牛	青海省海东市

（续）

序号	产品名	地域范围
21	民和肉牛	青海省海东市
22	甘德牦牛	青海省果洛藏族自治州
23	久治牦牛	青海省果洛藏族自治州
24	刚察牦牛	青海省海北藏族自治州
25	唐古拉牦牛	青海省海西蒙古族藏族自治州
26	祁连牦牛	青海省海北藏族自治州
27	海晏牦牛	青海省海北藏族自治州
28	泽库牦牛	青海省黄南藏族自治州
29	玉树牦牛	青海省玉树藏族自治州
30	兴海牦牛肉	青海省海南藏族自治州
31	天峻牦牛	青海省海西蒙古族藏族自治州
32	乐都牦牛肉	青海省海东市
33	河南县雪多牦牛	青海省黄南藏族自治州
34	湟源牦牛肉	青海省西宁市
35	帕里牦牛	西藏自治区日喀则市
36	斯布牦牛	西藏自治区拉萨市
37	类乌齐牦牛	西藏自治区昌都市
38	娘亚牦牛	西藏自治区那曲市
39	郏县红牛	河南省平顶山市
40	泌阳夏南牛	河南省驻马店市
41	金川多肋牦牛	四川省阿坝藏族羌族自治州
42	九龙牦牛	四川省甘孜藏族自治州
43	若尔盖牦牛	四川省阿坝藏族羌族自治州

（续）

序号	产品名	地域范围
44	黄陂黄牛	湖北省武汉市
45	旌德黄牛	安徽省宣城市
46	香格里拉牦牛肉	云南省迪庆藏族自治州
47	文山牛	云南省文山壮族苗族自治州
48	关岭牛	贵州省贵阳市
49	思南黄牛	贵州省铜仁市
50	安龙黄牛	贵州省黔西南布依族苗族自治州
51	桐梓黄牛	贵州省遵义市
52	黄平黄牛	贵州省黔东南苗族侗族自治州
53	兴仁牛干巴	贵州省黔西南布依族苗族自治州
54	涠洲黄牛	广西壮族自治区北海市
55	隆林黄牛	广西壮族自治区百色市
56	南丹黄牛	广西壮族自治区河池市
57	西林水牛	广西壮族自治区百色市
58	湘西黄牛	湖南省湘西土家族苗族自治州
59	峡江水牛	江西省吉安市
60	广丰铁蹄牛	江西省上饶市

附录2 我国牛肉区域公共品牌名录及
对应肉牛品种生产规模

序号	产品名	省（自治区、直辖市）	县域等	对应肉牛生产规模（万头）
1	平遥牛肉	山西	平遥县	2
2	三河牛肉	内蒙古	农垦	3
3	达茂牛肉	内蒙古	达尔罕茂明安联合旗	1
4	乌拉特牛肉	内蒙古	乌拉特中旗	4.5
5	杭锦旗库布齐牛肉	内蒙古	杭锦旗	5
6	科尔沁牛肉干	内蒙古	科尔沁区	1 650*
7	鄂托克前旗牛肉	内蒙古	鄂托克前旗	1
8	杭锦后旗肉牛肉	内蒙古	杭锦后旗	3
9	乌审草原红牛肉	内蒙古	乌审旗	1.16
10	伊金霍洛肉牛肉	内蒙古	伊金霍洛旗	0.49
11	武川肉牛肉	内蒙古	武川县	0.21
12	吉尔利阁牛肉	内蒙古	杭锦旗	1.2
13	西山清真牛肉	江西	新建区	0.2
14	齐河牛肉	山东	齐河县	0.35
15	禹州带皮牛肉	河南	禹州市	0.3
16	叶县牛肉	河南	叶县	1
17	郏县雪花牛肉	河南	郏县	0.3

（续）

序号	产品名	省（自治区、直辖市）	县域等	对应肉牛生产规模（万头）
18	泌阳夏南牛肉	河南	泌阳县	23
19	确山牛肉	河南	确山县	0.35
20	郏县红牛肉	河南	郏县	0.3
21	高州肉牛肉	广东	高州市	4.7
22	丰都牛肉	重庆	丰都县	9
23	山阳牛肉	陕西	山阳县	1.62
24	玛曲牦牛肉	甘肃	玛曲县	46.34
25	泾源黄牛肉	宁夏	泾源县	20
26	米东区牛肉	新疆	米东区	9
27	乌鲁木齐县牛肉	新疆	乌鲁木齐县	0.21
28	奇台加勒胖巴依草原牛肉	新疆	奇台县	8.2
29	那拉提草原牛肉	新疆	新源县	23
30	昭苏褐牛肉	新疆	昭苏县	6
31	木垒牛肉干	新疆	木垒哈萨克自治县	2
32	博乐牛肉	新疆	博乐市	8

注：* 单位为 t。

附录 3 我国牛肉区域公共品牌品质描述

编号	品种	牛肉品质
1	涝河桥牛	肌间脂肪适中，大理石花纹多，肉质鲜嫩，肉色较浅；胴体瘦肉多、脂肪少，有较高的屠宰率和较大的眼肌面积；肉嫩，鲜香
2	早胜牛	大理石花纹适中，肉嫩、多汁、鲜美
3	湘西黄牛	肉质优良、脂肪少、细嫩、味道鲜美
4	香格里拉牦牛	肉色深红，色泽均匀，有光泽，脂肪颜色为淡黄色，肉质细嫩、有弹性，指压后凹陷恢复较快，外表湿润，不粘手，切面湿润，具有新鲜牦牛肉的正常气味，无异味。香味独特，高蛋白质、低胆固醇，味道鲜美
5	无棣黑牛	肉质细嫩，育肥后大理石花纹明显，肉色鲜红。肉质细嫩，风味鲜美，多汁
6	三河牛	脂肪少，肉质细，大理石花纹明显，肉色鲜红
7	金川多肋牦牛	肉色鲜红，有光泽，肌肉弹性好，外表微湿，不沾手。肌肉保持水分的能力强，嫩度好
8	辽宁辽育白牛	肉色呈鲜樱桃红色，质地较硬，大理石花纹比较丰富。口感和嫩度较好，柔软多汁，风味较好
9	鲁西黄牛	大理石花纹明显，肉质切面呈雪花状，红白相间，鲜亮美观。肉质松软，细腻，营养丰富，风味鲜美、可口，独具特色
10	润洲黄牛	肉质细嫩而有弹性，颜色呈浅红色，味清甜，无腥味。肉质好，风味独特
11	穆棱肉牛	肉色为樱桃红色，滋润光亮，肉质细嫩，纹丝紧密。味道鲜美，香味浓厚，品质极佳
12	张家川红花牛	肌肉有光泽，呈均匀的深红色，色泽、气味正常。外表微干或有风干膜，不粘手，切口稍潮湿而无黏性，肉质紧密富有弹性，指压后凹陷可立即复原，无酸、无臭等味，具有鲜牛肉的自然香味。腱紧密而有弹性，关节表面平坦而光滑，渗出液透明。煮沸后肉汤透明，脂肪聚于表面，具有特殊香味

（续）

编号	品种	牛肉品质
13	天祝白牦牛	肉色鲜红，有光泽，脂肪呈黄色；肌肉纤维密，富有弹性；外表新鲜，切面湿润，不粘手；具有新鲜牛肉的固有气味；煮沸后肉汤透明，脂肪团具有液面，具有牛肉特有的香味，无肉眼可见异物
14	互助青海白牦牛	肉色深红，新鲜香嫩，血红蛋白含量高，生食软滑，通气开窍。精选肉质略瘦，瘦而不柴，红白相间，美味可口
15	民和肉牛	肉质细嫩多汁，颜色鲜艳，具有高蛋白质、低脂肪的显著特点
16	甘德牦牛	肉质细嫩，适口性极佳，色鲜，味美，多汁。肌肉光泽润滑，肉色深红，脂肪淡黄色，肌纤维清晰而有坚韧性，呈明显的大理石花纹状，弹性好，指压后立即恢复。外表湿润，不粘手。无异味，具有鲜牛肉的独特气味，煮沸后的油花分布均匀。上脑鲜香、滑嫩、味美
17	久治牦牛	肌肉光泽润滑，色泽略深，脂肪淡黄色，肌纤维清晰而有韧性，呈明显的大理石花纹，弹性好，指压后的凹陷立即恢复。外表湿润，不粘手。无异味，具有鲜牛肉的独特气味。煮沸后的肉汤清澈透明，脂肪团聚于表面，具特有的香味
18	刚察牦牛	肌肉光泽润滑，色泽略深，脂肪淡黄色，肌纤维清晰而有韧性，呈明显的大理石花纹，弹性好，指压后的凹陷立即恢复。外表湿润，不粘手。无异味，具鲜牛肉的特有气味。肉质细嫩多汁，熟肉率、系水力指标均较为理想
19	泾源黄牛	肉质鲜嫩，瘦肉多，脂肪少，牛肉呈樱桃红色，脂肪呈乳白色，肉表面有一层薄膜，富有弹性
20	文山牛	肉质鲜美细嫩，膻味轻，无异味，质地柔软，容易消化
21	九龙牦牛	牛肉中血红蛋白与肌红蛋白含量较高，故肉色比黄牛肉及猪肉更红，大理石花纹少而细。熟肉鲜美可口，肉汤香味浓，肉质细嫩
22	唐古拉牦牛	肌肉光泽润滑，色泽略深，脂肪淡黄色，肌纤维清晰而有韧性，呈明显的大理石花纹，弹性好，指压后的凹陷立即恢复。外表湿润，不粘手。无异味，具有鲜牛肉的独特气味。煮沸后的肉汤清澈透明，脂肪团聚于表面，具特有的香味
23	祁连牦牛	肌肉光泽润滑，肉色深红，脂肪淡黄色，肌纤维清晰而有韧性，呈明显的大理石花纹，弹性好。外表湿润，不粘手，无异味，口味鲜美

（续）

编号	品种	牛肉品质
24	隆林黄牛	肉色为红色，具有牛肉固有的色泽及气味，无异味，皮薄，脂肪少，肉质细嫩而有弹性，无膻味，味道鲜美
25	肃南牦牛	牛肉肌节长，保水性好，熟肉率高，肌肉纤维细，鲜嫩多汁，肉品质好。肉汤清澈透明，脂肪团聚于表面，具有特殊的香味
26	海晏牦牛	肌肉光泽润滑，色泽略深，脂肪淡黄色，肌纤维清晰而有韧性，弹性好。肉品质好，肌纤维较粗，腥膻味小。外表湿润，不粘手。无异味，具有鲜牛肉的独特气味。煮沸后的肉汤清澈透明，脂肪团聚于表面，具有特殊的香味
27	泽库牦牛	肌肉颜色深红，肌间脂肪分布均匀，脂肪颜色微黄；肉质鲜嫩，无异味，具有鲜牛肉的特殊气味。煮沸后的肉汤清澈透明，脂肪团聚于表面，具有特殊的香味
28	南丹黄牛	肉色为鲜红色，具有牛肉固有的色泽及气味，无膻味，皮薄、脂肪少。肉质细嫩而有弹性，味道鲜美
29	玉树牦牛	肌肉光泽润滑，肉色深红，脂肪淡黄色，肌纤维清晰而有韧性，呈明显的大理石花纹，弹性好。外表湿润，不粘手。无异味，风味浓郁
30	兴海牦牛	肌肉光泽润滑，肉色深红，脂肪淡黄色，肌纤维清晰而有韧性，呈明显的大理石花纹，弹性好。外表湿润，不粘手，无异味
31	玛曲牦牛	肌肉膻味小，香味浓，高蛋白质、低脂肪
32	西林水牛	肉质细嫩而有弹性，颜色鲜红，结缔组织较少，脂肪坚实、色白。味道鲜美，无膻味
33	天峻牦牛	肉质细嫩，味道鲜美
34	关岭牛	肌肉呈均匀的红色，具有光泽，脂肪呈洁白色或乳黄色。具有鲜牛肉的特有正常气味，指压后的凹陷能立即恢复，表面微干或有风干膜，触摸时不粘手
35	乌审草原红牛	肌肉颜色鲜艳亮丽，肥瘦相间，口感筋道，滑而不腻

（续）

编号	品种	牛肉品质
36	达因苏牛	肉色鲜红匀称，有光泽，纹理细致而富有弹性，大理石花纹适中。脂肪色泽为白色或淡黄色，胴体体表脂肪覆盖率达100％。肌肉纤维细致紧密，新鲜肉表面微干或微湿润，不粘手。熟食味美鲜嫩，醇香适口
37	乐都牦牛	鲜肉颜色深红，肌间脂肪分布均匀，脂肪颜色微黄。煮沸后的肉汤清澈透明，脂肪团聚于表面，具有特殊的香味。肉质鲜嫩，无异味，具鲜牛肉的特有气味
38	旌德黄牛	肌肉深红色，脂肪呈白色或微黄色，肌纤维清晰有韧性，指压后凹面立即恢复。切面湿润，不粘手。细滑多汁，香味浓郁
39	峡江水牛	新鲜肉有光泽，红色均匀，脂肪洁白，富有弹性。表面微湿润，不粘手。汤色清澈透亮
40	思南黄牛	肉色鲜红有光泽，脂肪呈淡黄色。肌肉外表微干，不粘手，富有弹性。肌间脂肪含量适中，脂肪颗粒明显，肉质细嫩。肉汤清澈透明，味美纯香
41	阿拉善蒙古牛	肉质细嫩鲜美，高蛋白质、低脂肪
42	黄平黄牛	肉色鲜红有光泽，大理石花纹明显，富有弹性。汤色清澈，香味浓郁，肉质鲜嫩
43	类乌齐牦牛	肌肉呈深红色，有光泽，脂肪白色至淡黄色，切面有大理石花纹。肉质致密有弹性，指压后凹陷立即恢复。外表微干或湿润，切面湿润而不粘手。具有牦牛肉特有的腥膻味。肉汤澄清透明，脂肪团聚于表面，具有特殊的浓厚香味
44	郏县红牛	肌肉丰满，切面细密，大理石花纹明显，雪花牛肉比重大。肉质细嫩，柔软多汁，加工性好，味道鲜美，香而不腻
45	泌阳夏南牛	肌肉色泽红润，大理石花纹明显，脂肪沉积细密而均匀。肉质细嫩，味道纯正，加工性好。烤制的熟制品香味浓郁，口感细腻，鲜嫩多汁，香气纯正
46	娘亚牦牛	肌肉色泽鲜红，脂肪为淡黄色或深黄色，肉质紧实且富有弹性。熟肉肉味鲜香，有淡淡的奶香味

（续）

编号	品种	牛肉品质
47	桦甸黄牛	肌肉颜色鲜红，有光泽，脂肪呈白色或微黄色。肌纤维清晰而富有弹性，切面湿润，指压后凹陷立即恢复。表面微干或潮湿，不粘手。肌间脂肪含量适中，脂肪颗粒明显，肉质细嫩，味美纯香
48	若尔盖牦牛	肌肉红润，大理石花纹明显，肌纤维清晰坚韧。煮熟后肉质密实鲜美，浓厚香醇，具有天然牦牛肉的特殊香味
49	河南县雪多牦牛	肌肉肉色暗红，弹性好，肉纤维纹路清晰而粗长，脂肪呈黄色。煮沸后汤汁清澈，有浓郁的香气，熟牛肉味道鲜香，有嚼劲
50	湟源牦牛	肌肉有光泽，呈均匀的深红色，脂肪呈黄色。切口稍潮湿而无黏性，外表微干或有风干膜，不粘手。肉质紧密而富有弹性，指压后凹陷立即复原。无酸、无臭等味，具有鲜牛肉的自然香味。腱紧密而有弹性，关节表面平坦而光滑，渗出液透明。煮沸后肉汤透明澄清，脂肪聚于表面，具有特殊香味

资料来源：农业农村部。

下篇 羊肉篇
XIAPIAN　YANGROUPIAN

5 我国羊肉产业与优质品牌发展现状 》》

5.1 产业情况

　　羊肉为全世界普遍食用的肉品之一。我国是全球第一大羊肉生产国和消费国，随着居民生活水平的提高，羊肉的消费正从原来的季节性消费向日常食品消费转变。特别是在外卖餐饮业兴起以后，羊肉在餐饮业当中的地位越来越重要。根据农业部《全国肉羊优势区域布局规划（2008—2015 年）》最新划分，按照"资源优势、产业优势、增长优势和集中连片"原则，我国肉羊生产的主要地区被划分为中原优势区、中东部农牧交错带优势区、西北优势区和西南优势区，共包含 20 个省（自治区、直辖市）。自 1995 年以来，以上四大优势区 20 个省（自治区、直辖市）的羊肉产量占全国的比重一直保持在 90% 以上，近年来集中度仍在稳步提升。其中，主产区内蒙古、新疆、山东、河北、河南、四川、甘肃、安徽、云南、黑龙江和湖南 11 个省（自治区），是肉羊产业发展最为依赖的地区。

5.1.1　中原优势区

　　中原优势区包括山东、河南、河北、安徽、江苏、湖北 6 省。

该区域位于我国华北平原和长江中下游平原地带，是我国最主要的农耕区之一。有可利用草场面积 82.67 万 hm² 左右，年产 3 860 多万 t 农作物秸秆。该产区人口稠密，土地资源紧缺，肉牛生产主要依靠农村家庭散养，规模化程度不高。中原优势区主要养殖的肉羊品种有波尔山羊、小尾寒羊、白山羊等。

5.1.2　中东部农牧交错带优势区

中东部农牧交错带优势区包括内蒙古、黑龙江、辽宁、吉林、山西。该优势区位于富饶的内蒙古高原和东北黑土地上，草场和林地资源丰富；可利用草场面积达到 0.59 亿 hm²，也是我国粮食主产区之一，每年可产约 5 900 万 t 农作物秸秆；草原资源丰富，饲料价格低于全国平均水平，肉羊养殖规模化程度高，主要以规模化圈养为主，生产效率较高，羊肉生产企业规模大。该优势区主要养殖的肉羊品种有苏尼特羊、乌珠穆沁羊、察哈尔羊、乌冉克羊、阿尔巴斯羊、乌拉特羊、杜蒙羊、西旗羊、杜泊羊、小尾寒羊、巴美肉羊、白山羊。

5.1.3　西北优势区

西北优势区包括新疆、甘肃、陕西、宁夏，大部分区域属于干旱半干旱地区，是传统的羊肉生产和消费区域。这里有可利用草场面积约 800 万 hm²，年产各种农作物秸秆超过 1 000 万 t。天然草原和草山草坡面积较大，但是品牌企业和产品并不多，品牌化程度较低，肉羊主要是以放牧为主。西北优势区主要养殖的肉羊品种有阿勒泰大尾羊、黑头羊、刀郎羊、巴尔楚克羊、波尔山羊、小尾寒羊、盐池滩羊。

5.1.4　西南优势区

　　西南优势区包括四川、云南、贵州、重庆、湖南。该区属于温带湿润气候，山地草坡多，每年可产 3 000 余万 t 的各种农作物秸秆。在四大优势区中，西南优势区的综合资源优势相对较弱。该区羊肉企业屠宰加工规模普遍较小，全国知名的羊肉品牌较少；肉羊养殖规模小而散，主要以散养为主。西南优势区主要养殖的肉羊品种有波尔山羊、黑山羊、白山羊、小尾寒羊。

5.2　产量分布

　　数据显示，2020 年我国羊肉产量达 492.31 万 t，同比增长0.98%；2021 年第一季度我国羊肉产量 104 万 t，同比增加 8 万 t，增长 8.3%。从区域占比来看，2020 年华北地区羊肉产量占比达31%，排名第一；西北地区以 24% 的占比排名第二，华北地区和西北地区合计占全国羊肉产量的一半以上，华东地区和西南地区各以13% 的占比并列第三。华中、东北、华南地区羊肉产量各占全国产量的 12%、5% 和 2%（图 5-1）。

　　数据显示，2020 年 1—12 月我国羊肉产量位居前十位的省（自治区）分别为内蒙古、新疆、山东、河北、河南、甘肃、四川、云南、安徽、湖南（图 5-2）。其中，内蒙古羊肉产量排名第一，为112.97 万 t，新疆以 56.98 万 t 的产量排名第二，两个地区相差55.99 万 t。数据显示，2020 年我国羊肉行业排名前三的省（自治

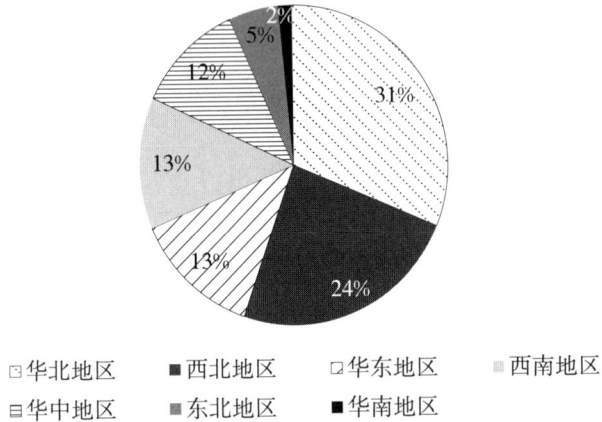

图 5-1　2020 年我国羊肉产量区域占比情况

区、直辖市）产量占总产量的 41.4％，排名位于前五的省（自治区）羊肉产量占总产量的 53.6％，排名位于前十的省（自治区）羊肉产量占总产量的 76.5％。可见 2020 年我国羊肉行业的区域集中度较高。

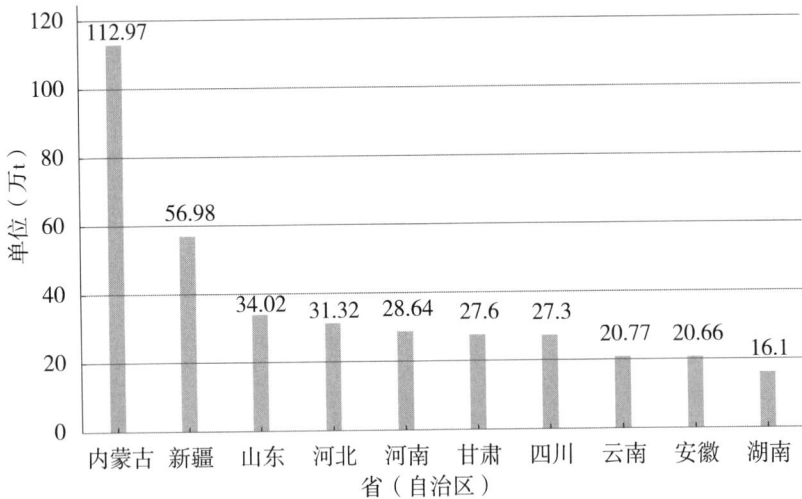

图 5-2　2020 年我国羊肉主产省（自治区）产量

5.3 羊及羊肉地理标志产品和区域公共品牌

5.3.1 地理标志产品

据农业农村部统计，截至 2021 年 11 月，全国一共有 121 种羊和羊肉注册了农产品地理标志，分布在内蒙古、青海、甘肃、山东、山西、四川、贵州、云南、新疆、西藏、宁夏等。其中，内蒙古羊肉地理标志产品种类最多，为 20 种；其次是青海，有 16 种；甘肃位居第三，有 13 种（图 5-3）。这些地理标志产品都具有一定的地域知名度和产品特色，对保持当地畜牧业的发展起着积极作用。地理标志产品的认证，更容易打开国内外市场，拓宽羊肉销售渠道，对提高农民养殖肉羊的积极性和发展农村经济都具有十分重要的意义。

在内蒙古锡林郭勒，有 3 个农产品地理标志，分别为"苏尼特羊肉""乌冉克羊""乌珠穆沁羊肉"。苏尼特羊属蒙古绵羊系的一个类群，在苏尼特草原特定生态环境中经过长期的自然选择和人工选择而形成，主要分布在内蒙古中部草原，在内蒙古自治区锡林郭勒盟苏尼特左旗、苏尼特右旗，乌兰察布市四子王旗，包头市达茂联合旗和巴彦淖尔市的乌拉特中旗等地均有分布。乌冉克羊产于内蒙古自治区锡林郭勒盟阿巴嘎旗北部，在高寒、多风和干旱的生态条件下，经自然选择和人工选育形成，是蒙古羊品种中具有独特品质的羊种，耐寒、成活率高、生长发育快，对草原气候和放牧饲养条件有良好的适应性。乌珠穆沁羊也是蒙古羊在当地条件下，经过长期选育形成的一个优良类群，产于内蒙古锡林郭勒盟东部乌珠

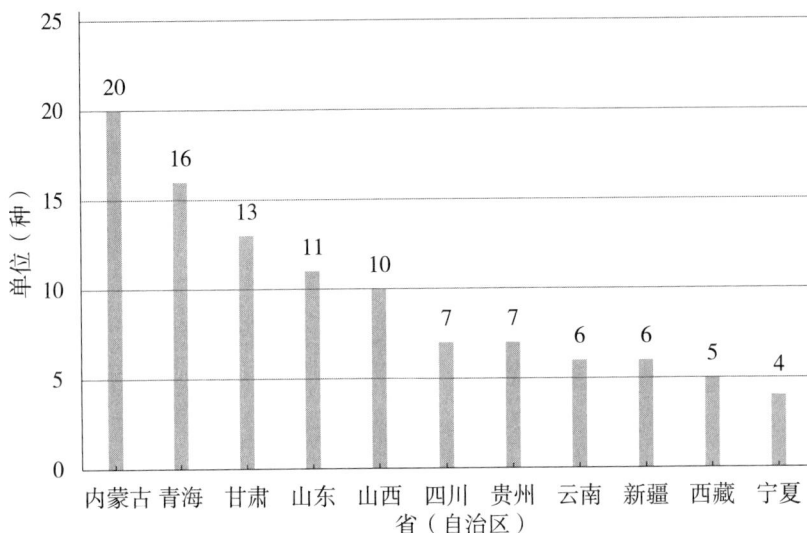

图 5-3　我国羊和羊肉注册农产品地理标志情况

穆沁草原，主要分布在东乌珠穆沁旗、西乌珠穆沁旗等地区。

在内蒙古鄂尔多斯，共有 4 个农产品地理标志，分别为"阿尔巴斯白绒山羊""鄂尔多斯细毛羊""鄂托克阿尔巴斯山羊""杭锦旗塔拉沟山羊肉"。中国和欧盟于 2011 年启动了中欧地理标志协定谈判，2021 年 3 月 1 号协定正式生效，鄂托克阿尔巴斯山羊成为首批中欧地理标志协定的地理标志产品。

在内蒙古呼伦贝尔，"西旗羊肉"作为呼伦贝尔羊的代表注册了地理标志保护产品。西旗羊肉为内蒙古自治区呼伦贝尔市新巴尔虎右旗特产，2010 年 9 月 3 日，国家质检总局批准对"西旗羊肉"实施地理标志产品保护。呼伦贝尔羊是由巴尔虎品系（半椭圆状尾）和短尾品系（小桃状尾）2 个品系组成的地方优良肉用绵羊品种。呼伦贝尔羊经过长期的自然选择和人工选育，形成了耐寒、耐粗饲、善于行走采食、能够抵御恶劣环境、抓膘速度快、保育性强、羔羊成活率高、肉质好且无膻味等特点。

5.3.2　区域公共品牌

据农业农村部农产品质量安全中心统计，截至 2021 年 11 月，我国注册登记的羊肉区域公共品牌一共有 63 种。其中，内蒙古和新疆两地居多，分别为 32 种和 10 种（图 5-4），其他品牌均匀分布在其他各地（详细名单及生产规模见附录 5）。区域公共品牌的建立对当地农业发展有着重要作用，品牌效应可以促进当地畜牧业发展，增加农牧民收入，提高当地经济生产效率，是增收致富、推进乡村振兴的重要牵引力。

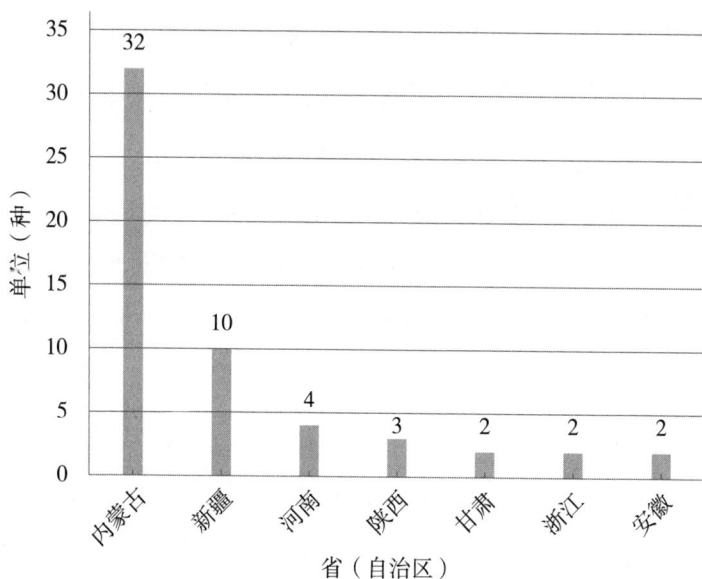

图 5-4　农业农村部农产品质量安全中心登记的部分区域公共品牌数量

6 羊肉品质影响因素研究 》

6.1 品种

肉羊品种是影响羊肉品质的重要因素，不同品种的肉羊所产羊肉品质有着明显差异。就山羊和绵羊来看，绵羊的肉致密，纤维较为柔软，肌间不夹杂脂肪，老龄羊的肉为暗红色，成年羊的肉为鲜红色；而山羊的肌纤维较长，肉质较绵羊的稍差一些，颜色也较深，但这并不代表山羊的肉品质就差。山羊具备绵羊没有的优点，在选择品种时要综合考虑。研究表明，杂交羊的营养价值较高，并且风味也有较大的改善（孙丹丹，2020）。品种对脂肪酸的构成及含量具有显著影响。由于每个品种所含有的控制肉品性状的基因存在差异，所以表达出来的肉品质的物理形态和化学成分就会不同。一般而言，生长速度快、成熟早的肉羊品种脂肪中具有较高的硬脂酸含量，而那些生长较缓的肉羊品种往往具有较高的风味脂肪酸（王济世等，2020）。

6.1.1 绵羊

我国绵羊品种达 200 余种。从地理分布和遗传关系角度，可将我国地方绵羊品种划分为哈萨克系、藏系和蒙古系。哈萨克系主要集中在新疆地区；藏系主要分布于云贵高原；蒙古系则是种类最多、分布最广的一支，西到新疆、东到江浙一带，分布于 16 个省（自治区、直辖市）（王慧华等，2015）。我国绵羊地方品种以新疆、云南和内蒙古分布最多，分别为 13 个、7 个和 6 个；山东也是绵羊品种分布较多的地区，达到 5 个。从地形分布来看，主要集中在我国的北部、西北部及西南部的高原地区。新疆的绵羊品种数量最多，包括 13 个（31.0%）品种、4 种经济类型和 3 种尾型；其次为云南，有 7 个（16.7%）品种、4 种经济类型和 2 种尾型；内蒙古有 6 个（14.3%）品种、3 种经济类型和 1 种尾型。

我国绵羊品种资源丰富，但如何有效利用好现有优秀品种资源是当前绵羊产业发展的主要挑战。随着近年来全球化养羊方向的转变，绵羊产业以毛用为主转向以肉用为主。但肉用绵羊品种存在生长速度慢、产肉性能差和饲料转化率低等缺陷，距离规模化、专门化养殖还有一定距离。因此，只有充分了解种质特性才能灵活运用于未来肉用绵羊的育种中。

对 5 种南疆绵羊（小尾寒羊、多浪羊、小尾寒羊×湖羊、多浪羊×湖羊、小尾寒羊×多浪羊）进行营养品质评价的结果发现，其中，小尾寒羊×多浪羊的杂交后代肉的 pH 偏低，肉色偏白，红度较低；小尾寒羊×胡羊的失水率低，持水性好，多汁，肌内脂肪含量多，风味品质好；多浪羊肉剪切力小，嫩度高，蒸煮损失少，适口性好；小尾寒羊的嫩度低、蒸煮损失多（古扎力孜克·肉孜等，2018）。

6.1.2 山羊

我国土地幅员辽阔，生态环境千差万别，从寒温带到热带，无论是高山或是平原、内陆或是沿海，在不同的海拔高度、不同的气候带均有山羊分布。山羊能够充分利用荒山陡坡，适应炎热潮湿、寒冷干旱的地区。已有的考古发现，人类在新石器时代就开始驯化山羊，并且时间早于绵羊。山羊在千差万别的生态环境条件下，经过多年的自然选择和人工选择，逐步形成了各地区具有不同遗传特点、体型、外貌特征和生产性能的品种。

从用途分类，山羊可分为绒用山羊、毛皮用山羊、肉用山羊、毛用山羊、奶用山羊以及普通山羊。其中有些品种具有独特的生产性能，如产青猾子皮的济宁青山羊、产紫绒和猾子皮的子午岭黑山羊、产笔料毛的长江三角洲白山羊等；有些品种具有对当地生态环境独特的适应性，如产于广州市徐闻县的雷州山羊、青藏高原的藏山羊等，它们已被列入国家保护品种名录（张玮，2015）。

蒋婧等（2018）比较了酉州乌羊、本地白山羊和波杂羊（波尔山羊与豫西大白羊和奶山羊杂交改良而来）的营养品质，根据所得到的数据初步分析可知，酉州乌羊肉中含有丰富的粗蛋白质、氨基酸、脂肪酸、灰分和矿物质元素，特别是必需氨基酸、鲜味氨基酸和硒元素含量明显高于本地白山羊肉和波杂羊肉。

6.2　产地环境

优质羊肉的生产离不开优质的天然牧场。锡林郭勒羊、呼伦贝尔羊、阿尔巴斯山羊分别产自锡林郭勒草原、呼伦贝尔草原以及鄂尔多斯市鄂托克旗。

锡林郭勒草原位于内蒙古自治区东中部锡林郭勒盟境内，草原面积 17.96 万 km^2，是我国四大草原之一，优良牧草占草群的 50%，是水草丰美的牧场。锡林郭勒草原不仅植被类型繁多，而且植物种类也十分丰富，为发展当地畜牧业提供了良好的生态环境。锡林郭勒草原是我国境内最有代表性的草甸草原，也是欧亚大陆草原区亚洲东部草原亚区保存比较完整的原生草原部分。保护区内生态环境类型独特，具有草原生物群落的基本特征，并能全面反映内蒙古高原典型草原生态系统的结构和生态过程。

呼伦贝尔草原位于内蒙古自治区东北部，地处大兴安岭以西的呼伦贝尔高原上，因呼伦湖、贝尔湖而得名。整体地势东高西低，海拔 650～700m，东西宽约 350km、南北长约 300km，总面积 1 126.67万 hm^2，其中可利用草场面积 833.33 万 hm^2。

鄂托克旗地势东高西低，属荒漠半荒漠地区，平均海拔1 300 m，主要有山地、丘陵、高原、沙漠 4 个地貌类型，地形复杂多样。土壤类型主要是风沙土和草甸栗钙土，其次有零星分布的灰色草甸土与强度侵蚀的淡栗钙土，土质较好，饲草繁茂，适宜鄂托克阿尔巴斯山羊发展。

由于气候、水资源、草种等因素，不同产地羊肉品质不同。远辉等（2018）研究表明，吐鲁番黑羊肉和阿勒泰羊肉中氨基酸及蛋白质含量都较丰富，氨基酸总量分别达到 18.56% 和 17.93%，其中人体必需氨基酸含量均占氨基酸总量的 38% 以上，鲜味氨基酸——谷氨酸含量高，蛋白质含量分别为 21.7% 和 21.2%，也含有丰富的矿物质元素。

6.3 饲养管理

肉羊养殖的饲养方式主要分为放牧（以采食天然牧草为主）、舍饲（以采食精饲料或部分干草为主）或两者不同比例的结合。放牧过程中，肉羊可自主采食新鲜牧草，有利于其体内各类植物源性脂肪酸的沉积，但育肥周期较长。舍饲可使肉羊的育肥周期大大缩短，但往往采取高精饲料比的饲料进行催肥，粗饲料含量少且相对单一，致使羊肉中的脂肪酸沉积多以 C16 和 C18 为主，容易出现尿结石、酸中毒等疾病。与舍饲相比，放牧时羊肉中所含风味物质更为丰富。产生差异的主要因素是肉羊在两种模式下的饲喂周期、摄入的总能量、生长速率、脂肪沉积量及构成脂肪酸的比例等不同。

饲喂方式对羊肉品质具有较大影响。索朗达等（2020）研究了放牧和舍饲对西藏山羊肉品质、抗氧化指标及脂肪酸含量的影响结果发现，放牧可提高西藏山羊肉品质及 PUFA 含量，但对肌肉的抗氧化能力没有显著影响，会降低背最长肌中的肌间脂肪含量。罗玉龙等（2018）对比了草场放牧和山地放牧对绒山羊背最长肌的品质影响，结果发现，草场放牧的绒山羊其肉的红度、过氧化氢酶活力、谷胱甘肽过氧化物酶活力和自由基清除率均显著高于山地放牧的肉羊（$P<0.05$）；草场放牧的绒山羊其肉亮度、黄度、高铁肌红蛋白相对含量、丙二醛含量均显著低于山地放牧的肉羊（$P<0.05$）；但两种放牧方式下，肉的肌红蛋白含量、氧合肌红蛋白相对含量、超氧化物歧化酶活力和总抗氧化能力没有显著差异（$P>$

0.05）。草场放牧的绒山羊能摄食大量绿色牧草，并且有适宜的运动量，增加了抗氧化酶的活力和肉色稳定性，自由基的产生和清除达到了平衡，从而使得肉品的抗氧化能力高于山地放牧的肉羊。

日粮对反刍动物的脂肪酸组成具有重要影响，对其生长育肥性能、胴体瘦肉率及嫩度也起关键作用。提高日粮能量水平，可提高羔羊的生长速度，提高羊肉的食用口感，但同时会造成肌内蛋白的沉积受阻，未被利用的能量以脂肪形式沉积于肌内、肌间及其他脂肪组织中，从而增加胴体肥度，降低瘦肉率。羊肉系水力、pH、剪切力及肌间脂肪含量均与日粮能量水平有关。对于放牧而言，不同牧场甚至是同一牧场不同季节的牧草所含营养成分都具有较大差异。一些豆科类植物，如三叶草中的粗蛋白质含量随季节变化而存在差异（17％～30％），黑麦草（禾本科）中的粗蛋白质含量随季节不同而在5％～19％之内变化。研究发现，在日粮中添加牛至精油可提高饲料的新鲜度，从而提高动物的采食量，促进动物生长发育和肠道绒毛生长，加强肠道对营养物质的消化吸收，延长营养物质在消化道中的停留时间，从而提高动物的消化率和饲料利用率（韦胜等，2019）。杨改青等（2017）研究杜仲叶对绵羊脂肪代谢和肉品质的影响时发现，杜仲叶对绵羊肝脏脂肪代谢基因的表达有影响，其中的有效成分可通过细胞内信号通路影响脂肪的合成与分解。

6.4 屠宰加工

屠宰是肉品深加工的一个重要环节，宰后不同处理对肉品质有很大的影响。屠宰方式不同，肉品质会有差异。研究表明，使用电击致晕屠宰、CO_2致晕屠宰和常规屠宰这 3 种屠宰方式，pH、蒸煮损失和滴水损失在常规屠宰的肉中显著较低。在宰杀羊之后，肌肉内的酶会将蛋白质分解而生成一些简单的肽和氨基酸等物质，以及发生其他化学变化，使肉变得柔软、多汁，从蛋白质分解物中释放出香美的特殊风味。由于羊肉具有冷收缩的特性，因此在冷却加工过程中容易造成嫩度下降，影响肉品质。研究发现，主要由红肌纤维组成的羊肉在 10～20℃时收缩程度最小，如果把这类肌肉置于更低的温度（0～10℃）下则会发生强烈收缩。羊宰后经 12～15℃预冷 8h 后跟腱吊挂 108h，可以很好地防止羊肉冷收缩，肉的成熟效果最佳。在屠宰以后对绵羊胴体进行处理，如在僵死前迅速冷冻或早期冷冻，则可以避免羊肉变老。

宰后处理对羊肉品质有影响，电击和注射化学物质均会影响肉的品质。例如，电击一侧的背最长肌 pH 和剪切力值极显著低于对照组，向肌肉中注射猕猴桃汁、蛋白酶对肌肉都有嫩化作用；肉羊宰杀放血后利用电击可以增加肉的嫩度，向宰后一定时间内的羊肉中注射 $CaCl_2$ 可以改善羊肉的嫩度。此外，熟化时间和温度同样会影响羊肉的品质。在不同温度下冷藏 90h 后，胴体质量损失、pH、肉的色调和色度随冷藏温度的降低而升高，亮度随贮存温度的降低而下降。在 2～4℃冷藏时，韧性比在 0～2℃和 4～6℃要好。冷藏 90h 后，较轻的胴体比较重的胴体有较高的胴体损失和较高的 pH。另外，通过骨盆悬挂法拉伸肌肉可以使肌肉嫩化。张红梅等（2015）对不同贮存温度下羊肉品质进行了测定后发现，冷却肉和冷冻肉在品质上有明显的不同。在不同温度下贮存，测定羊肉的嫩度、pH、蒸煮损失率、细菌总数和挥发性盐基氮指标时发现，冷却 1d 后继续冷冻的羊肉，在上述指标及其感官评定上优于其他贮存温度下的羊肉。

随着生活水平的提高和膳食结构的转变，人们对羊肉的需求量越来越大，羊肉品质也受到了消费者的广泛关注。针对当今消费者的要求，许多科研工作者对羊肉品质的影响因素作了大量研究。其中，基因调控、使用新型绿色饲料添加剂及羊肉膻味的机理和改善措施备受关注。

7 我国羊肉品质现状研究 》》

羊肉品质是外观品质、感官品质、营养品质等各方面理化性质的综合体现，其优劣直接决定消费者的选择。肉品质性状不仅包括客观性状，如 pH、系水力、肉色等；还包括主观性状，如嫩度、风味等；同时，消费者在肉品质方面大多讲究其适口性、肉色、质地等特征（丁武，2005）。目前，我国对羊肉品质的研究多集中于肉品色泽、结构、大理石花纹和肌肉持水力等物理指标方面。这些物理指标更多地用于评价消费者对肉品的可接受性，而化学成分才是决定羊肉品质的重要因素。羊肉品质包括营养价值和风味等，与氨基酸和脂肪酸的构成及含量有紧密联系。

7.1 感官描述及相关指标

7.1.1 感官描述

羊肉的外观品质包括色泽、持水力、大理石花纹等指标，感官品质最主要的3项指标就是嫩度、多汁性及风味。颜色是反映外观品质的重要指标之一，取决于肌肉中肌红蛋白的含量。大理石花纹（肌内脂肪）与肉的外观品质、感官品质均密切相关，是驱动消费者购买的一大因素。大理石花纹是沉积在肌束和肌纤维之间的脂肪，如果分布均匀、含量适中，肉就会美味多汁；如果含量过少，肉就会干硬乏味。

根据目前已注册的农产品地理标志、区域公共品牌羊肉中关于外观品质与感官品质描述词的种类与频率，现已得到了羊肉外观品质与感官品质描述词的词云图（图 7-1 及图 7-2）。如图 7-1 所示，从外观品质上看，描述词主要围绕肌肉与脂肪的颜色开展。

图 7-1　羊肉外观品质描述词的使用频率

从感官品质上看，羊肉感官品质主要是嫩度、多汁性及风味（图 7-2）。这三类描述词中，与风味相关的描述词使用最多，其中频率最高的就是"膻味"。

图 7-2　羊肉食用感官品质描述词的使用频率

7.1.2　色泽、嫩度、保水性、pH

肉色是消费者购买羊肉的重要评价指标。肉色主要取决于肌肉中肌红蛋白和血红蛋白的含量，其中肌红蛋白可以决定肉色鲜红程度的80％～90％。肌肉中肌红蛋白含量受羊的品种、年龄、肌肉部位、性别、饲养方式等因素的影响。

嫩度是羊肉主要的食用品质之一，是消费者用来评判肉质好坏的重要指标，也就是人们常说的肉在食用时口感的老嫩程度。通常用剪切力值来客观评价肉的嫩度，剪切力值越小则肉的口感越嫩。表 7-1 列出了我国内蒙古、新疆羊肉剪切力值的范围。研究发现，母羊的嫩度较公羊更好，背最长肌的嫩度优于股二头肌，并且随着年龄的增长嫩度呈下降趋势。

保水性（也称系水力），与肉的嫩度、风味、营养成分、色泽及出肉率有直接关系。通常用持水力、滴水损失、蒸煮损失等指标来衡量肌肉的保水性。表 7-1 中列出了我国内蒙古羊肉蒸煮损失的范围。水分以结合水、不易流动水和自由水 3 种形式存在于肌肉组织中，约占肌肉组织化学成分的 75%。

表 7-1 我国主要产区羊肉剪切力、蒸煮损失

产区	自治区	剪切力（N）	蒸煮损失（%）
中东部农牧交错带	内蒙古	31.5~66.2	13.86~34.60
西北	新疆	49.66	—

资料来源：农业农村部。

宰后 pH 的变化也是评价肉质的指标之一。动物屠宰放血后，机体内氧气缺失，代谢方式由有氧代谢变为无氧糖酵解。无氧糖酵解分解肌糖原产生乳酸，并且将磷酸肌酸分解为磷酸，酸性物质的积累导致肉的 pH 下降。当糖酵解酶活力被酸性物质抑制而失活时，肉的 pH 不再继续下降，此时的 pH 称为最终 pH（或极限 pH）。最终 pH 越低，肉的保水性越差，肉的硬度越大。

7.2 营养品质

羊肉富含蛋白质，脂肪含量较低，具有温中暖肾、益气补虚之功效。此部分系统梳理了我国主要产区羊肉蛋白质、粗脂肪含量，氨基酸、脂肪酸组成，维生素、矿物质含量等的整体水平。

7.2.1 蛋白质

根据农业农村部监测数据显示，目前注册的地理标志农产品以及区域公共品牌羊肉中的蛋白质含量分布范围在 15.65~24.52g（图 7-3 中数字代表"频数"），蛋白质含量平均值为 19.9g（均以

100g 羊肉计）。羊肉中的蛋白质含量与很多因素有关，包括羊肉部位及羊的年龄、性别、饲养方式等，即使同一群体里的羊，其肉中的蛋白质含量也存在一定幅度的变异。

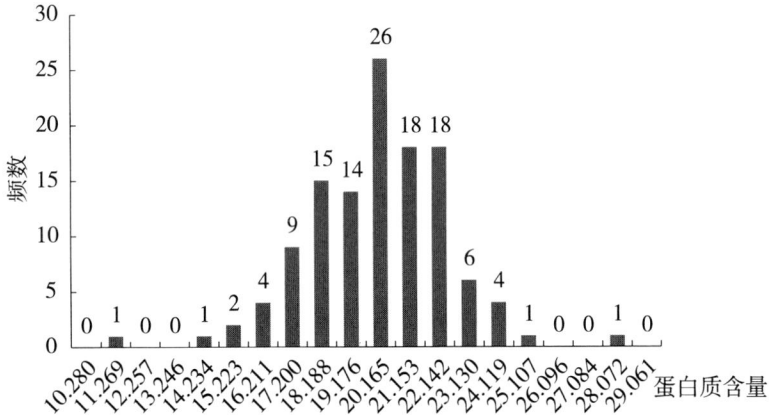

图 7-3　羊肉中的蛋白质含量分布

从主产区来看，不同产区羊肉中的蛋白质含量分布存在较大差异（表 7-2）。

表 7-2　我国主产区羊肉中的蛋白质含量范围
（g，以 100g 羊肉计）

产区	省（自治区）	蛋白质含量
中东部农牧交错带	内蒙古	13.6～24.3
西北	新疆	19.4～22.5
	宁夏	19.4
	甘肃	19.41～19.6
中原	山东	18～23
	河南	18.6～20.9
其他	青海	19.6～28

资料来源：农业农村部。

从部位来看，不同部位羊肉中的蛋白质含量范围为18.6～

21.3g（以100g羊肉计）（图7-4）。

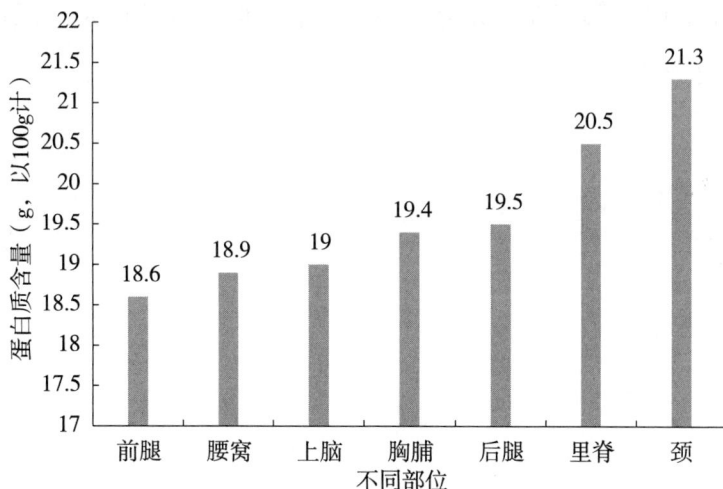

图 7-4 不同部位羊肉中的蛋白质含量

（资料来源：《中国食物成分表》）

表7-3为我国部分产区羊肉中的氨基酸组成情况。

表7-3 不同产区羊肉中的氨基酸含量差异

（mg，以100g羊肉计）

产区	省（自治区）	赖氨酸	组氨酸	蛋氨酸	异亮氨酸	亮氨酸	天冬氨酸
中东部农牧交错带	内蒙古	1 180～2 147	570～770	350～550	850～987	1 563～1 960	2 126～2 292
西北	新疆	1 670～2 220				1 500～1 640	
中原	山东、河南	1 400		380	700	1 290	

资料来源：农业农村部。

7.2.2 脂肪含量与脂肪酸组成

据农业农村部监测数据显示，我国羊肉中的粗脂肪含量分布范围在2.3～41.19g（以100g羊肉计）。如图7-5所示，大部分集中在

2.30～7.16g（以 100g 羊肉计）。羊肉肌间脂肪含量在 2～25g（以 100g 羊肉计），偶有较高数值出现，可能与取样部位以及样品前的处理方法有关。

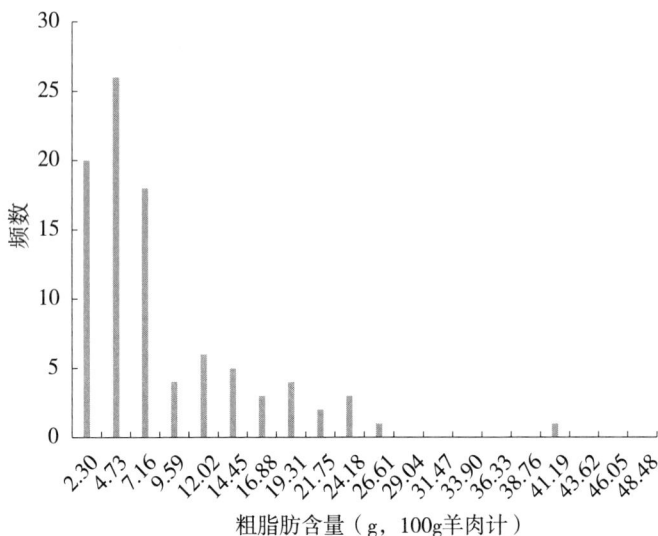

图 7-5　羊肉粗脂肪含量分布
（资料来源：农业农村部）

具体从主产区来看，不同产区羊肉中的粗脂肪含量分布存在较大差异（表7-4）。内蒙古羊肉粗脂肪含量范围较大，在 1.2～23.5g（以 100g 羊肉计）。在农业农村部监测数据中，内蒙古注册的农产品地理标志（20 个）、区域公共品牌（32 个）数量均是全国最多，因此数据来源也最多，这一定程度上造成了羊肉中的粗脂肪含量变异幅度较大。

表 7-4　不同产区羊肉中的粗脂肪含量及脂肪酸组成

产区	省 （自治区）	粗脂肪（g， 以 100g 羊肉计）	总不饱和脂肪 酸含量（%）	总不饱和脂肪酸 占脂肪酸比例（%）
中东部农 牧交错带	内蒙古	1.2～23.5	0.68～11.7	26.43～64.00

（续）

产区	省 （自治区）	粗脂肪（g， 以 100g 羊肉计）	总不饱和脂肪 酸含量（%）	总不饱和脂肪酸 占脂肪酸比例（%）
西北	新疆	1.6～3.4	0.72	—
	宁夏	5.94	—	—
	甘肃	3.4	—	—
中原	山东	2～20	—	—
	河南	1.2～2.6	—	—
其他	青海	2.28～5.5	—	—

资料来源：农业农村部。

从部位来看，不同部位羊肉中的粗脂肪含量范围为 1.6～6.6g（以 100g 羊肉计）（图 7-6）。

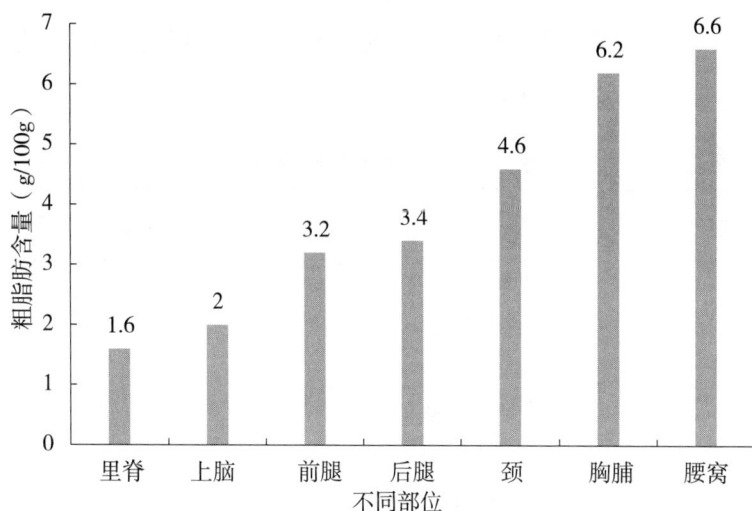

图 7-6 不同部位羊肉粗脂肪含量（g，以 100g 羊肉计）
（资料来源：《中国食物成分表》）

脂肪酸组成种类繁多、复杂，常根据碳链的长短分为短链脂肪酸（碳原子数≤4）、中链脂肪酸（4＜碳原子数＜16）和长链脂肪酸（碳原子数≥16）。根据是否含有不饱和键分为饱和脂肪酸

（saturated fatty acid，SFA）和不饱和脂肪酸（unsaturated fatty acid，USFA）。其中，不饱和脂肪酸根据碳—碳双键的不饱和数目又分为单不饱和脂肪酸（monounsaturated fatty acid，MUFA）和多不饱和脂肪酸（polyunsaturated fatty acid，PUFA）。MUFA 为碳链中只含有 1 个双键的脂肪酸，主要包括油酸（C18：1n9c）、棕榈油酸（C16：1）、肉豆蔻油酸（C14：1）等；PUFA 指碳链中含有 2 个或者多个双键的脂肪酸，根据第 1 个双键距离甲基端的碳原子数分为n-3 系、n-6 系、n-7 系和 n-9 系，其中 n-3 系和 n-6 系具有重要的生理学意义（表 7-5）。从营养与生理功能作用分为必需脂肪酸（essential fatty acid，EFA）和非必需脂肪酸（nonessential fatty acid，NEFA）。必需脂肪酸是指机体自身不能合成，为维持健康和生命所必需的脂肪酸，空间结构上又可划分为顺式脂肪酸（cis-fatty acid）和反式脂肪酸（trans-fatty acid）。

表 7-5　羊肉中的脂肪酸种类

类型	名称	结构式
	葵酸	C10：0
	月桂酸	C12：0
	十三碳酸	C13：0
	肉豆蔻酸	C14：0
	十五碳酸	C15：0
SFA	棕榈酸	C16：0
	珍珠酸	C17：0
	硬脂酸	C18：0
	花生酸	C20：0
	二十一碳酸	C21：0
	二十二碳酸	C22：0

（续）

类型	名称	结构式
MUFA	肉豆蔻油酸	C14：1
	十五碳烯酸	C15：1
	棕榈油酸	C16：1
	十七碳烯酸	C17：1
	反油酸	C18：1n9t
	油酸	C18：1n9c
	二十碳烯酸	C20：1
	二十四碳烯酸	C24：1
PUFA	反亚油酸	C18：2n6t
	亚油酸	C18：2n6c
	α-亚麻酸	C18：3n3
	γ-亚麻酸	C18：3n6
	二十碳二烯酸	C20：2
	二十碳三烯酸	C20：3n6
	花生四烯酸	C20：4n6
	二十碳五烯酸	C20：5n3
	二十二碳六烯酸	C22：6n3

　　脂肪酸组成是评价羊肉营养品质常用的标准，包括多不饱和脂肪酸与饱和脂肪酸的比值（PUFA：SFA）以及 n-6 脂肪酸与 n-3 脂肪酸的比值，以 PUFA：SFA 为 0.7 及以上，或 n-6：n-3 低于 5 为佳（Raes 等，2004）。由于不同地域来源的羊肉中脂肪酸含量有其各自的特点，因此脂肪酸组成也可以作为羊肉产地溯源的依据。一项关于内蒙古、新疆、山东、云南羊肉产地溯源的研究结果显示，云南地区羊肉中 C18：1n9t 和 C18：2n6c 的含量均显著高于其他地区，云南和山东地区羊肉中 C20：4n6 的含量均显著高于内蒙古和新疆，内蒙古和新疆地区羊肉中 C18：3n3 和 C20：5n3 的含量均显著高于山东与云南（贾菲菲等，2021）。这可能与不同地域羊的饲料和喂养

方式有关。山东和云南属于农区，给羊主要饲喂玉米酒糟和小麦秸秆等精饲料，这些精饲料中可能 n3 PUFA（包括 C18：2、C20：4）含量较高。内蒙古和新疆属于牧区，饲料以牧草为主，这些牧草中 n-6 PUFA（包括 α-C18：3、C20：5）可能占优势。因此，饲料种类和喂养方式差异较大的地域，利用脂肪酸指纹分析技术进行羊肉产地溯源是可行的。

7.2.3 矿物质

羊肉中富含钙、铁、锌、硒等矿物质。表 7-6 为我国主要产区羊肉中的矿物质含量范围。其中，内蒙古羊肉中钙、铁、锌、硒的变异范围均最大，且最高值均来自内蒙古地区，如钙为 115.9mg、铁为 28.43mg、锌为 27.6mg、硒为 27.7μg（以上均以 100g 羊肉计）。美国农业部数据库中部分羊肉微量营养素含量：钙为 3～23mg，锌为 1.1～4.4mg，铁为 1.05～6.6mg，硒为 2.1～93.6μg（以上均以 100g 羊肉计）。

表 7-6 我国主要产区羊肉中的主要矿物质含量范围
（均以 100g 羊肉计）

产区	省（自治区）	钙（mg）	铁（mg）	锌（mg）	硒（μg）
中东部农牧交错带	内蒙古	5.2～115.9	2.32～28.43	2.05～27.6	2～27.7
西北	新疆	12.8～40	4.88～15.3	5.08～27.3	61.7
	宁夏	—	—	—	9.27
中原	山东	3.2～7	1～1.8	4.1	5～10
	河南	11.1	—	3.4～4.64	5.6
其他	青海	3.8～5.3	—	—	—

资料来源：农业农村部。

矿物质元素被认为是一个有效的食品产地溯源指标，主要是寻找与地域有关的特征元素。地域环境中的土壤、水、食物，以及空气中的矿物质元素组成和含量都有其各自的特征图谱，动物在其生活的环境中不断累积各种矿物质元素，不同地域来源的生物体内矿物质元素含量与当地环境中的矿物质元素有较强的相关性，也具有典型的指纹特征，测定动物体内矿物质元素的组成和含量差异可鉴别其产地来源。生物体中的矿物质元素按照含量分为常量元素、微量元素和痕量元素。检测矿物质元素含量的方法有原子吸收光谱法、原子荧光光谱法和电感耦合等离子体质谱法等。其中，电感耦合等离子体质谱法由于检测精度高、检出限低、灵敏度高、检测速度快，且可同时检测多种元素等特点，被广泛应用于食品的产地溯源。

羊肉中矿物质元素的含量受其生活环境的影响，同时也受自身代谢及不同饲料的影响。目前，国内外使用矿物质元素对羊肉进行产地溯源与真实性鉴别的研究较少。Sun 等（2011）利用矿物质元素指纹图谱对羊肉样品的地理来源进行了分类，采用电感耦合等离子体质谱法分析了我国 3 个牧区和 2 个农区羊肉样品中 25 种矿物质元素的含量，并进行多变量统计分析，包括主成分分析和线性判别分析，结果羊肉中 21 种元素在农区与牧区间存在显著差异。选取 12 种元素建立分类模型，并用交叉验证进行评价，分类结果总体正确率为 93.9%，交叉验证率为 88.9%。刘美玲等（2017）对内蒙古羊肉在盟市间进行了产地鉴别与物种区分，采集测定了内蒙古 10 个旗县蒙古绵羊肉 77 份，同时进行主成分分析和描述性统计分析。结果表明，蒙古绵羊肉中的微量元素谱有显著的地区和物种差异，地处呼伦贝尔草原及其延伸的鄂温克旗和西乌旗蒙古绵羊肉与其他旗县的羊肉有显著差别。

我国食物成分表数据显示，不同部位羊肉中的矿物质含量有较大差异。研究发现，里脊、上脑、前腿、后腿、颈肉、胸脯、腰窝7个羊肉主要部位中，钙含量范围在 3～8mg，铁含量范围在 1.8～3mg，锌含量范围在 2.2～19.8mg，硒含量范围 2.68～6.74μg（以上均以 100g 羊肉计）。

7.2.4 胆固醇

表 7-7 为我国主要产区羊肉中的胆固醇含量范围。胆固醇主要来自人体自身的合成，食物中的胆固醇是次要补充。如一个 70kg 体重的成年人，体内大约有胆固醇 140g，每日大约更新 1g，其中 4/5 由体内代谢产生，只有 1/5 需从食物补充。胆固醇的吸收率只有 30%，随着食物中胆固醇含量的增加，吸收率会下降。即使胆固醇摄入量达到 768mg/d 也未发现与冠心病发病和死亡有关。2002年中国居民营养与健康调查的数据显示，18～64 岁健康人群胆固醇的平均摄入量男、女分别为 242.3mg/d 和 218.6mg/d，65 岁以上健康人群胆固醇的平均摄入量男、女分别为 247.7mg/d 和 215.5mg/d。鉴于 2000 年版《中国居民膳食营养素参考摄入量》中对胆固醇摄入量的推荐值是＜300mg/d，我国居民膳食胆固醇摄入量仍处于较低水平。

表 7-7 我国主要产区羊肉中的胆固醇含量
（mg，以 100g 羊肉计）

产区	省（自治区）	胆固醇
中东部农牧交错带	内蒙古	31.5～66.2

（续）

产区	省（自治区）	胆固醇
西北	新疆	47.2
中原	山东	43.7～58.9
其他	青海	70

资料来源：农业农村部。

7.3 风味品质

7.3.1 香味物质及前体物质

羊肉具有特殊的香味，香味物质包括醛、醇、酸、酮、酯以及含氮、硫杂环化合物等，是前体物质发生分解、氧化、还原等化学反应产生的。羊肉在受热过程中，香味前体物质发生分解、氧化、还原等一系列化学反应，产生各种挥发性香味物质，使羊肉的风味大大增加。其中，内酯、直链硫化物、不饱和醛及含硫、氧、氮杂环化合物等物质的气味阈值较低，是决定羊肉风味的关键物质。表7-8列出了羊肉中主要的香味物质及其前体物质。羊肉中的香味前体物质本身并没有香味，但经过一系列变化，能产生挥发性与非挥发性的成分并发生交互反应，继而产生香味物质。前体物质比较固定，如糖类、脂类、硫胺素、氨基酸及肽类，包括水溶性和脂溶性两大类物质（表7-8）。

表7-8 羊肉中主要的香味物质及其前体物质

特征	前体物质	反应途径	香味物质
脂溶性	脂类	脂质氧化	杂环化合物、烃类、醛类、酮类、醇类、羧酸、内酯

（续）

特征	前体物质	反应途径	香味物质
水溶性	糖类	焦糖化、美拉德反应	呋喃衍生物、羰基化合物、内酯、醛、酮、醇类、脂肪烃、芳香烃
	硫胺素	热降解	呋喃、呋喃硫醇、噻吩类、噻唑类、含硫化合物
	氨基酸及肽类	美拉德反应、Strecker降解	噻唑类、噻吩类及含硫化合物、吡咯和吡啶类、吡嗪、内酰胺等
	含硫化合物	含硫氨基酸热降解、美拉德反应	硫醚、硫醇、硫酮、多硫化合物、硫氰酸酯

脂类作为主要的香味前体物质在很大程度上影响香味的形成，不同肉质香味的差异主要是由脂肪氧化产物不同而引起的。羊肉中的肌内脂肪富含大量不饱和脂肪酸，极易氧化并产生挥发性物质，并且不饱和脂肪酸的含量越多形成的风味就越浓。含双键的脂肪酸加热时双键断裂产生酮、醛、酸等羰基化合物（香气阈值低），含羟基的脂肪酸在水解后可经加热脱水、环化等一系列反应生成具有肉香味的内酯化合物。而某些脂类通过与美拉德反应（Maillard）产物相互作用改变了挥发性产物的构成，从而影响制品风味。

糖类是肉中重要的风味前体物质，加热时参与焦糖化、美拉德等反应，其中间产物多为二酮、醛、醇、呋喃及其衍生物。美拉德反应是肉中产生香味物质的重要途径，常温下肉中可发生轻微的美拉德反应，随着温度的升高反应变得剧烈。其中，羰基与氨基化合物经过脱水、裂解、缩合、聚合等反应，生成深色的挥发性物质，这些肉香味的化合物主要包括呋喃、吡嗪、吡咯、噻吩、噻唑、咪唑、吡啶以及环烯硫化物等。当加热温度过高（135℃）时还会发生焦糖化反应，糖分子中的C—C键断裂，热降解产生一些挥发性的醛、酮类物质，给食品带来悦人的色泽和风味，糖类降解产物中的呋喃酮与 H_2S 反应产生非常强烈的肉香气。

硫胺素是一种含硫、氮的双环化合物，在肉中含量相对较多，受热时可产生多种含硫和含氮的挥发性香味物质，包括呋喃、呋喃硫醇、噻吩和含硫化合物等。它在中性和碱性条件下易降解，与含硫多肽等一起加热时会产生类似禽肉的风味。硫胺素噻唑环中的 C—N 及 C—S 键断裂后能形成羟甲基硫基酮，并且硫胺素降解产生的硫化氢可以与呋喃酮等杂环化合物反应生成含硫杂环化合物，赋予羊肉强烈的香味。

氨基酸在较高温度时（125℃以上）会发生脱羧、脱氨或脱羰基反应，产物可以相互作用形成一系列具有良好嗅感的化合物，对挥发性芳香成分的构成有一定贡献。Strecker 降解的硫醇（thiol）、Maillard 反应的吡嗪最终产生 2-甲基丙醛、2-甲基丁醛、含硫化合物，其前体均是氨基酸。含硫氨基酸参与 Maillard 反应，会产生噻唑类、噻吩类及许多含硫化合物，其香气阈值较低，并具有强烈的挥发性，是熟肉香气的重要组成部分。

羊肉中的挥发性成分有醛类、醇类、酮类、烃类、酸类及其他挥发性化合物（表7-9）。醛类物质中，代表性的有己醛、辛醛、壬醛等。这类物质阈值低、含量高，是影响香气浓郁的重要因素。含量低时，己醛呈香草味，壬醛则产生焦香、油炸香等，但含量过高时则会形成酸败味。醇类中，代表性的物质有1-辛烯-3-醇、戊醇、辛醇和己醇等。戊醇有油脂味，辛醇带有柑橘、玫瑰气味，而己醇微带酒香、果香和脂味。1-辛烯-3-醇的阈值低，能产生蘑菇香、清香、蔬菜香，对羊肉风味的形成有一定作用。酮类是动物脂肪氧化的另一种产物，大多数的酮类阈值较高，是形成杂环化合物的中间体，是风味的重要补充。羊肉中检测出的酸多为短链脂肪酸，分别为乙酸、丁酸和己酸。这些酸是典型的膻味物质，与羊肉膻味的形成有很大的关系，整体的含量在 1μg 左右（以 100g 羊肉计）。此外，4-甲基辛酸和 4-甲基壬酸也是膻味形成的主要因子。特殊的膻味赋予了羊肉明显的特征气味，这也是羊肉区别于其他肉类最明显的标志。

表 7-9　羊肉中的主要香味物质

类别	中文名称	气味阈值 （μg，以 100g 计）	气味描述
醛类	戊醛	1.2	果香
	己醛	0.45	青草味、果香
	辛醛	0.07	脂味、柑橘、肥皂味
	壬醛	0.1	脂味、花香、柑橘香
	癸醛	0.01	肥皂、柑橘、脂味
	十一醛	0.5	脂味、蜡、肥皂
	十二醛	0.053	洋葱
	十四醛		
	十五醛		
	十六醛		
	反-2-壬烯醛	0.008	脂味
	反-2-癸烯醛	0.03	木头
	反-2-辛烯醛	0.3	坚果
醇类	1-戊醇	400	面包香、果香、酒香
	2-庚醇	0.3	
	1-己醇	250	花、脂味
	1-庚醇	0.3	脂味
	1-辛醇	11	脂味、蜡质、坚果

（续）

类别	中文名称	气味阈值 （μg，以100g计）	气味描述
醇类	1-壬醇		花香、柑橘、脂味
	1-辛烯-3-醇	0.1	蘑菇香、柑橘、玫瑰
	乙醇		酒精、脂味、果香
	反-2-辛烯醇		
	反-2-戊烯-1-醇		
	2-乙基己醇	27 000	甜味、花香
酮类	3-羟基-2-丁酮	80	果香、菠萝、苹果
	2，3-辛二酮		甜奶油、甘薯
	2-庚酮		果香、辛辣、肉桂
烃类	癸烷		
	(E,E)-2,4壬二烯		
	苯酚	0.065	甜香
	正己烷		
酸类	乙酸		
	4-甲基辛酸		
	4-甲基壬酸		
	己酸		

　　表7-10系统综述了圈养和放牧下羊肉中主要挥发性物质的差异。放牧下，羊肉中烯和二萜类（存在于熟肉中）都是从牧草中衍生出来的。2，3-辛二酮是另一种常见的放牧下羊肉中（熟肉）存在的挥发性物质，可以作为区分放牧与圈养的标志性物质。较高浓度的γ-内酯与圈养的相关性较大。圈养饲养时谷物中的游离脂肪酸可能是内酯类物质的前体，有研究报道了谷物中的油酸生成γ-十二内酯的机制。而肉中较高含量的δ-内酯则可能与

放牧有关。

养殖方式也与支链脂肪酸（branched chain fatty acid, BCFA）的形成有关。支链脂肪酸被认为是羊肉中"膻味"的主要贡献者，最著名的 BCFA 是 4-甲基辛酸、4-乙基辛酸和 4-甲基壬酸。根据这一观察结果，可以推测，谷饲会增加羊肉中的"膻味"。但也有研究指出，不同谷饲配方情况下，羊肉中生成 BCFA 的程度并不相同。另外，也有研究在放牧羊肉中检测到了较高含量的 BCFA，而原因尚不清楚。因此，以上推测还需更多试验来证实。

表 7-10　放牧与圈养条件下羊肉中香味物质的主要差异

饲养类型	中文名	来源
	二萜类	脂肪
	2，3-辛二酮	脂肪
	3-羟基辛烷-2-酮	脂肪
	长链烷烃	脂肪
	7C 原子醛类	脂肪
	倍半萜	脂肪
放牧	己酸	肌肉
	支链脂肪酸	脂肪
	3-甲基吲哚	脂肪、肌肉
	酚类	脂肪、肌肉
	甲苯	脂肪
	γ-内酯	脂肪
	长链醛类	脂肪

（续）

饲养类型	中文名	来源
圈养	支链与直链脂肪酸	脂肪
	4-庚酮、2-辛酮	脂肪、肌肉
	3-羟基-2-丁酮	肌肉
	烯醛	肌肉
	斯托克醛与酮类	肌肉
	δ-内酯	脂肪

7.3.2 滋味物质

滋味是通过呈味物质刺激舌头上的味蕾，经过味觉传到神经中枢，进入大脑皮层而产生味觉。目前，公认的基本味有 5 种：酸、甜、苦、咸、鲜。羊肉的滋味物质主要由氨基酸、肽、核苷酸、糖类、酸和盐类组成。这些滋味物质受品种、性别等因素的影响，滋味物质的种类大体上相似，但强度有差异。羊肉中主要的滋味物质见表 7-11。

表 7-11　羊肉中主要的滋味物质

滋味属性	类别	呈味物质
酸	酸	琥珀酸、乳酸等
	氨基酸	天门冬氨酸、组氨酸、谷氨酸
甜	糖	葡萄糖、果糖、核糖等
	氨基酸	甘氨酸、丙氨酸、苏氨酸、丝氨酸
苦	肽	鹅肌肽、啡肽、苦味肽
	核苷酸	次黄嘌呤

（续）

滋味属性	类别	呈味物质
	氨基酸	蛋氨酸、亮氨酸、异亮氨酸、苯丙氨酸
咸	无机盐	氯化钠
	氨基酸	谷氨酸、天冬氨酸
鲜	核苷酸	肌苷酸、鸟苷酸等
	肽	谷氨酰、天冬氨酸、谷氨酸、丝氨酸等

　　核酸代谢产物是肉中的主要滋味物质，对肉的滋味贡献显著，一般呈鲜味，代表性的物质为肌苷酸、鸟苷酸、一磷酸腺苷等。"鲜"是内蒙古羊肉突出的风味特征，鲜味的主要来源是肽类和核苷酸。肌苷酸含量高，降解缓慢，能够提高羊肉的鲜味，被作为评定肉质中鲜味的重要指标。与肌苷酸代谢相关的产物也影响羊肉的鲜味，包括肌苷和次黄嘌呤等。

　　游离氨基酸是肉呈味成分中最重要的滋味物质，游离氨基酸不仅本身具有呈味特性，还能相互协同产生滋味感受。在肉中主要的滋味氨基酸有5种，包括天冬氨酸（Asp）、丝氨酸（Ser）、谷氨酸（Glu）、丙氨酸（Ala）和脯氨酸（Pro）。其中，Ser和Ala对甜味有贡献，Asp和Glu能产生鲜味，并且与肌苷酸有协同增强鲜味的效果。研究发现，游离氨基酸还能与肌苷酸协同作用增强鲜味。

8 羊肉品质相关标准梳理 》》

　　从表 8-1 可以分析得出，目前国家标准和行业标准只对肉羊品种特性、等级评定、品种鉴别等内容进行了规范化，而对羊肉品质，如感官品质和营养品质并没有具体要求。但从查找到的地理标志产品标准来看，其都对羊肉的感官品质和营养品质有具体要求。其中，感官品质主要对水分、色泽、滋味、气味、组织状态、肉眼可见杂质、黏度、弹性等方面进行了具体规定，并对营养品质中的水分、氨基酸、脂肪、挥发性盐基氮、重金属等指标作了具体数值规定。同样，从梳理得到的全部相关标准来看，除了地理标志产品标准之外，部分团体标准也对羊肉的感官品质和营养品质进行了详细描述。但由于地理环境差异，每个地方品种所产羊肉在感官品质和营养品质上不尽相同，尤其是营养品质。地方羊肉品种的营养品质数据差别较大，这可能主要是由肉羊品种不同引起的，这些不同能更好地区分每种地理标志产品的优势与劣势所在。

　　在营养品质指标检测内容中，水分作为一项重要指标，在绝大多数标准文本中都有相应规范，大部分标准中规定羊肉中水分含量范围为≤77％或≤78％；蛋白质为所有相关羊肉标准中必须检测的项目，部分标准只对粗蛋白质的量作了规定，少数标准对具体氨基酸指标作了规定，其检测的氨基酸种类包括谷氨酸、天冬氨酸、苏氨酸、蛋氨酸、赖氨酸、亮氨酸、异亮氨酸、苯丙氨酸、缬氨酸、色氨酸。从大部分标准分析得出，粗蛋白质仍然为主要检测项，其指标范围主要为 17～22g（以 100g 羊肉计），脂肪也是羊肉品质的重要指标之一。从梳理得到的标准来看，对脂肪主要是检测总脂肪含量，并没有具体检测某种脂肪酸的含量，总脂肪含量范围值为 ≤2或≤8g（以 100g 羊肉计）；挥发性盐基氮也是重要检测指标之一，挥发性盐基氮的范围为≤15mg（以 100g 羊肉计）。此外，部分标准还检测了重金属含量，如铬、铅、总砷等指标。

表 8-1　我国羊肉品质相关标准梳理

序号	标准名称	标准编号	感观指标	理化指标
1	《地理标志产品 察哈尔羊肉》	DB15/T 1348—2018	色泽、组织状态、黏度、气味	谷氨酸、天冬氨酸、苏氨酸、蛋氨酸、赖氨酸、亮氨酸、异亮氨酸、苯丙氨酸、缬氨酸、色氨酸
2	《阿尔巴斯山羊肉》	DB15/T 1561—2018	色泽、组织状态、滋味、气味	挥发性盐基氮
3	《呼伦贝尔羊肉》	DB15/T 1766—2019	色泽、组织状态、弹性、黏度、气味、滋味、杂质	水分、蛋白质、挥发性盐基氮
4	《地理标志产品 苏尼特羊肉》	DB15/T 428—2018	色泽、组织状态、气味、滋味	谷氨酸、天冬氨酸、苏氨酸、蛋氨酸、赖氨酸、亮氨酸、异亮氨酸、苯丙氨酸、缬氨酸、色氨酸
5	《地理标志产品 西旗羊肉》	DB15/T 490—2018	色泽、组织状态、气味、滋味	谷氨酸、天冬氨酸、苏氨酸、蛋氨酸、赖氨酸、亮氨酸、异亮氨酸、苯丙氨酸
6	《锡林郭勒羊肉》	DB15/T 976—2019	色泽、组织状态、黏度、滋味、气味、杂质、弹性	水分、挥发性盐基氮、铅、总砷、总汞、镉、铬、谷氨酸、天冬氨酸、苏氨酸、蛋氨酸、赖氨酸、亮氨酸、异亮氨酸、苯丙氨酸、缬氨酸、色氨酸

（续）

序号	标准名称	标准编号	感观指标	理化指标
7	《地理标志产品 乾安羊肉》	DB22/T 3053—2019	色泽、组织状态、黏度、气味、煮沸后肉汤、肉眼可见杂质	水分、蛋白质、脂肪、挥发性盐基氮
8	《地理标志产品 海门山羊肉》	DB32/T 1802—2011	色泽、组织状态、黏度、气味、煮沸后肉汤、肉眼可见杂质	水分、粗蛋白质
9	《地理标志产品 马山黑山羊》	DB45/T 1987—2019	色泽、组织状态、黏度、气味、煮沸后肉汤、肉眼可见杂质	蛋白质、脂肪、挥发性盐基氮、氨基酸
10	《地理标志产品 大邑麻羊》	DB5101/T 83—2020	色泽、纹理、组织状态	水分、蛋白质、脂肪、氨基酸、胆固醇
11	《地理标志产品 靖边羊肉》	DB61/T 1038—2016	色泽、组织状态、黏度、气味、肉眼可见杂质	水分、蛋白质、脂肪、挥发性盐基氮
12	《地理标志产品 定边羊肉》	DB61/T 1080—2017	色泽、组织状态、弹性、黏度、气味、煮沸后肉汤、肉眼可见杂质	水分、蛋白质、脂肪、挥发性盐基氮、氨基酸
13	《地理标志产品 横山羊肉》	DB61/T 582—2013	色泽、黏度、气味、杂质、弹性	水分、粗蛋白质、粗脂肪、挥发性盐基氮

（续）

序号	标准名称	标准编号	感观指标	理化指标
14	《地理标志产品　民勤羊肉》	DB62/T 2584—2015	色泽、组织状态、气味、黏度、杂质、煮沸后肉汤	水分、蛋白质、脂肪、氨基酸、胆固醇
15	《地理标志产品　甘家藏羊》	DB62/T 4189—2020	色泽、组织状态、气味、黏度、杂质、煮沸后肉汤和滋味	水分、粗蛋白质
16	《地理标志产品　盐池滩羊》	DB64/T 1545—2020	色泽、组织状态、黏度、气味、正常视力可见外来异物	水分、蛋白质、脂肪
17	《地理标志产品　柯坪羊肉》	DB65/T 4086—2018	色泽、弹性、黏度、气味、杂质	水分、蛋白质、脂肪、谷氨酸、膻味物质
18	《食品安全地方标准　青海藏羊肉》	DBS63/00012—2021	色泽、组织状态、黏度、滋味、气味、杂质	水分、蛋白质、脂肪、谷氨酸、膻味物质、挥发性盐基氮、铅
19	《呼伦贝尔草原羊肉》	T/HLBENX 0001—2020	色泽、弹性、黏度、气味、滋味、杂质	水分、蛋白质、脂肪、挥发性盐基氮、铅、无机砷、镉、铁、钙
20	《"蒙字标"畜产品认证要求　锡林郭勒羊肉》	T/NMSP. MZB 02. 1—2019	色泽、组织状态、气味、黏度、杂质、弹性	水分、挥发性盐基氮、铅、总砷、总汞、镉、铬
21	《"蒙字标"畜产品认证要求　呼伦贝尔羊肉》	T/NMSP. MZB 02. 4—2019	色泽、组织状态、气味、黏度、杂质、弹性	水分、挥发性盐基氮、蛋白质
22	《地理标志产品　黄渠桥羊羔肉》	T/NSFST 002—2020	色泽、组织状态、气味、肉眼可见杂质	水分、挥发性盐基氮、蛋白质、脂肪

参 考 文 献

丁武，2005. 波尔山羊与关中奶山羊杂交后代产肉性能及羊肉品质研究 ［D］. 杨凌：西北农林科技大学.

古扎力孜克·肉孜，王文静，王伟华，2018. 新疆南疆不同品种绵羊肉品质的比较 ［J］. 塔里木大学学报，30：47-58.

韩亚儒，2016. 中国绵羊地方品种的种质特性及其生态分布规律的研究 ［D］. 泰安：山东农业大学.

贾菲菲，王钢力，冯芳，等，2021. 基于脂肪酸指纹图谱的我国羊肉产地溯源研究 ［J］. 食品安全质量检测学报，12：4638-4646.

蒋婧，周鹏，张丽，等，2018. 酉州乌羊与本地其他山羊肉品质特性比较 ［J］. 黑龙江畜牧兽医（6）：47-50.

刘美玲，郭军，高玎玲，等，2017. 内蒙古蒙古绵羊肉矿物质元素谱特征 ［J］. 肉类研究 31（9）：7.

罗玉龙，刘畅，王柏辉，等，2018. 两种放牧方式对绒山羊肉抗氧化系统的影响 ［J］. 食品科学，39：17-21.

孙丹丹，2020. 影响羊肉品质的因素及改善方法 ［J］. 现代畜牧科技（3）：19-20.

索朗达，巴贵，杨世帆，等，2020. 放牧和舍饲对西藏山羊肉品质、抗氧化指标及脂肪酸含量的影响 ［J］. 中国畜牧杂志，56：153-157.

王慧华，赵福平，张莉，等，2015. 中国地方绵羊品种的地域分布及肉用相关性状的多元分析 ［J］. 中国农业科学，48：4170-4177.

王济世，杨曙明，2020. 羊肉品质影响因素分析 ［J］. 农产品质量与安全（3）：82-87.

韦胜，郎侠，王彩莲，等，2019. 牛至精油对绵羊生长性能、屠宰性能及肉品质的影响 ［J］. 动物营养学报，31：2823-2829.

杨改青，王林枫，朱河水，等，2017. 杜仲叶对绵羊脂肪代谢的影响及其机理 ［J］. 动物营养学报，29：3635-3647.

远辉，郝明明，张煌涛，等，2018. 新疆两种产地羊肉中营养成分分析及评价 [J]. 黑龙江畜牧兽医（3）：10-12.

张红梅，哈斯其木格，2015. 不同贮存温度对羊肉品质影响实验 [J]. 食品研究 与开发，36：20-22，66.

张玮，2015. 中国山羊地方品种生态系统的多样性及其分布规律的研究 [D]. 泰 安：山东农业大学.

Sun S，Guo B，Wei Y，et al，2011. Multi-element analysis for determining the geographical origin of mutton from different regions of China [J]. Food Chemistry，124：1151-1156.

附录4 我国羊及羊肉地理标志产品汇总

序号	产品名	地域范围
1	兴安盟羊肉	内蒙古自治区兴安盟
2	苏尼特羊肉	内蒙古自治区锡林郭勒盟
3	乌冉克羊	内蒙古自治区锡林郭勒盟
4	乌珠穆沁羊肉	内蒙古自治区锡林郭勒盟
5	四子王旗杜蒙羊肉	内蒙古自治区乌兰察布市
6	四子王旗戈壁羊	内蒙古自治区乌兰察布市
7	扎鲁特草原羊	内蒙古自治区通辽市
8	阿尔巴斯白绒山羊	内蒙古自治区鄂尔多斯市
9	鄂尔多斯细毛羊	内蒙古自治区鄂尔多斯市
10	鄂托克阿尔巴斯山羊肉	内蒙古自治区鄂尔多斯市
11	杭锦旗塔拉沟山羊肉	内蒙古自治区鄂尔多斯市
12	巴林羊肉	内蒙古自治区赤峰市
13	昭乌达肉羊	内蒙古自治区赤峰市
14	达茂草原羊肉	内蒙古自治区包头市
15	固阳羊肉	内蒙古自治区包头市
16	土默特羊肉	内蒙古自治区包头市
17	巴彦淖尔二狼山白绒山羊	内蒙古自治区巴彦淖尔市
18	河套巴美肉羊	内蒙古自治区巴彦淖尔市

（续）

序号	产品名	地域范围
19	阿拉善白绒山羊	内蒙古自治区阿拉善盟
20	阿拉善蒙古羊	内蒙古自治区阿拉善盟
21	玛多藏羊	青海省果洛藏族自治州
22	海晏羔羊肉	青海省海北藏族自治州
23	刚察藏羊	青海省海北藏族自治州
24	祁连藏羊	青海省海北藏族自治州
25	民和羊肉	青海省海东市
26	贵南黑藏羊	青海省海南藏族自治州
27	加什科羊肉	青海省海南藏族自治州
28	天峻藏羊	青海省海西蒙古族藏族自治州
29	格尔木蒙古羊	青海省海西蒙古族藏族自治州
30	乌兰茶卡羊	青海省海西蒙古族藏族自治州
31	柴达木绒山羊	青海省海西蒙古族藏族自治州
32	唐古拉藏羊	青海省海西蒙古族藏族自治州
33	泽库藏羊	青海省黄南藏族自治州
34	尖扎山羊	青海省黄南藏族自治州
35	苏呼欧拉羊	青海省黄南藏族自治州
36	扎什加羊	青海省玉树藏族自治州
37	翠柳山羊肉	甘肃省白银市
38	平川山羊肉	甘肃省白银市
39	岷县黑裘皮羊	甘肃省定西市
40	玛曲欧拉羊	甘肃省甘南藏族自治州
41	永昌肉羊	甘肃省金昌市
42	哈尔腾哈萨克羊	甘肃省酒泉市

（续）

序号	产品名	地域范围
43	金塔肉羊	甘肃省酒泉市
44	祁连清泉羊羔肉	甘肃省酒泉市
45	肃北雪山羊肉	甘肃省酒泉市
46	环县滩羊	甘肃省庆阳市
47	庆阳黑山羊	甘肃省庆阳市
48	凉州羊羔肉	甘肃省武威市
49	肃南甘肃高山细毛羊	甘肃省张掖市
50	尉犁罗布羊肉	新疆维吾尔自治区巴音郭楞蒙古自治州
51	木垒羊肉	新疆维吾尔自治区昌吉回族自治州
52	玛纳斯萨福克羊	新疆维吾尔自治区昌吉回族自治州
53	哈密羊肉	新疆维吾尔自治区哈密市
54	和田一牧场羊肉	新疆维吾尔自治区和田地区
55	尼雅羊肉	新疆维吾尔自治区和田地区
56	黄渠桥羊羔肉	宁夏回族自治区石嘴山市
57	涝河桥羊肉（清真）	宁夏回族自治区吴忠市
58	盐池滩羊肉	宁夏回族自治区吴忠市
59	同心滩羊肉（清真）	宁夏回族自治区吴忠市
60	沾化洼地绵羊	山东省滨州市
61	沾化白山羊	山东省滨州市
62	单县青山羊	山东省菏泽市
63	梁山青山羊	山东省济宁市
64	嘉祥济宁青山羊	山东省济宁市
65	嘉祥小尾寒羊	山东省济宁市
66	莱芜黑山羊	山东省莱芜市

（续）

序号	产品名	地域范围
67	蒙山黑山羊	山东省临沂市
68	文登奶山羊	山东省威海市
69	临朐黑山羊	山东省潍坊市
70	沂源黑山羊	山东省淄博市
71	广灵大尾羊	山西省大同市
72	阳高长城羊肉	山西省大同市
73	灵丘大青背山羊	山西省大同市
74	陵川黑山羊	山西省晋城市
75	沁水黑山羊	山西省晋城市
76	曲沃麦茬羊肉	山西省临汾市
77	中阳柏籽羊肉	山西省吕梁市
78	右玉羊肉	山西省朔州市
79	偏关羊肉	山西省忻州市
80	神池羊肉	山西省忻州市
81	若尔盖藏绵羊	四川省阿坝藏族羌族自治州
82	金堂黑山羊	四川省成都市
83	石渠藏系绵羊	四川省甘孜藏族自治州
84	美姑山羊	四川省凉山彝族自治州
85	凉山半细毛羊	四川省凉山彝族自治州
86	会东黑山羊	四川省凉山彝族自治州
87	乐至黑山羊	四川省资阳市
88	金沙黑山羊	贵州省毕节市
89	赫章黑马羊	贵州省毕节市

（续）

序号	产品名	地域范围
90	兴义黑山羊	贵州省黔西南布依族苗族自治州
91	晴隆羊	贵州省黔西南布依族苗族自治州
92	沿河白山羊	贵州省铜仁市
93	务川白山羊	贵州省遵义市
94	黔北麻羊	贵州省遵义市
95	龙陵黄山羊	云南省保山市
96	石屏青绵羊	云南省红河哈尼族彝族自治州
97	圭山山羊	云南省昆明市
98	火红黑山羊	云南省曲靖市
99	罗平黄山羊	云南省曲靖市
100	马楠半细毛羊	云南省昭通市
101	措勤紫绒山羊	西藏自治区阿里地区
102	象雄半细毛羊	西藏自治区阿里地区
103	日土白绒山羊	西藏自治区阿里地区
104	阿旺绵羊	西藏自治区昌都市
105	岗巴羊	西藏自治区日喀则市
106	郧西马头山羊	湖北省十堰市
107	通山乌骨山羊	湖北省咸宁市
108	宜昌白山羊	湖北省宜昌市
109	七百弄山羊	广西壮族自治区河池市
110	都安山羊	广西壮族自治区河池市
111	隆林山羊	广西壮族自治区百色市
112	浏阳黑山羊	湖南省长沙市
113	壶天石羊	湖南省湘潭市

（续）

序号	产品名	地域范围
114	万宁东山羊	海南省万宁市
115	石山壅羊	海南省海口市
116	德化黑羊	福建省泉州市
117	辽宁绒山羊	辽宁省营口市
118	崇明白山羊	上海市崇明区
119	湖州湖羊	浙江省湖州市
120	清远黑山羊	广东省清远市
121	海门山羊	江苏省南通市

附录5 我国羊肉区域公共品牌名录及对应 肉（绒山）羊品种生产规模

序号	产品名	地区或组织	县域等	对应肉(绒山)羊生产规模（万只）
1	阿拉善右旗白绒山羊肉	内蒙古自治区	阿拉善右旗	10.02
2	阿拉善左旗白绒山羊肉	内蒙古自治区	阿拉善左旗	30
3	阿拉善左旗白绒山羊绒	内蒙古自治区	阿拉善左旗	30
4	阿鲁科尔沁旗羊肉	内蒙古自治区	阿鲁科尔沁旗	80
5	巴林羊肉	内蒙古自治区	巴林右旗	80
6	察右前旗羊肉	内蒙古自治区	察哈尔右翼前旗	45
7	陈巴尔虎旗羊肉	内蒙古自治区	陈巴尔虎旗	1.46
8	达茂羊肉	内蒙古自治区	达尔罕茂明安联合旗	60
9	达拉特羊肉	内蒙古自治区	达拉特旗	40
10	乌珠穆沁羊肉	内蒙古自治区	东乌珠穆沁旗	54
11	额济纳白绒山羊肉	内蒙古自治区	额济纳旗	7
12	阿尔巴斯山羊肉	内蒙古自治区	鄂托克旗	2.6
13	鄂托克前旗羊肉	内蒙古自治区	鄂托克前旗	100
14	固阳羊肉	内蒙古自治区	固阳县	12
15	杭锦旗杭盖羊肉	内蒙古自治区	杭锦旗	130
16	化德羊肉	内蒙古自治区	化德县	30
17	科右前旗草地羊肉	内蒙古自治区	科尔沁右翼前旗	42

（续）

序号	产品名	地区或组织	县域等	对应肉(绒山)羊生产规模（万只）
18	临河巴美肉羊羊肉	内蒙古自治区	临河区	4.73
19	临河谷饲羊肉	内蒙古自治区	临河区	11.1
20	临河羊肉串	内蒙古自治区	临河区	1.1
21	苏尼特羊肉	内蒙古自治区	苏尼特左旗	55.86
22	土默特羊肉	内蒙古自治区	土默特右旗	216
23	翁牛特羊肉	内蒙古自治区	翁牛特旗	160
24	乌拉特后旗富硒山羊肉	内蒙古自治区	乌拉特后旗	20
25	乌拉特后旗风干羊肉	内蒙古自治区	乌拉特后旗	1
26	乌拉山山羊肉	内蒙古自治区	乌拉特前旗	30
27	乌拉特羊肉	内蒙古自治区	乌拉特中旗	180.3
28	鄂尔多斯细毛羊肉	内蒙古自治区	乌审旗	11.61
29	五原羊肉	内蒙古自治区	五原县	310
30	西旗羊肉	内蒙古自治区	新巴尔虎右旗	95.409
31	扎鲁特草原羊肉	内蒙古自治区	扎鲁特旗	192
32	准格尔羯羊肉	内蒙古自治区	准格尔旗	1.07
33	米东区羊肉	新疆维吾尔自治区	米东区	9.6
34	奇台加勒胖巴依草原羊肉	新疆维吾尔自治区	奇台县	47.22
35	木垒羊肉	新疆维吾尔自治区	木垒哈萨克自治县	30
36	那拉提草原羊肉	新疆维吾尔自治区	新源县	110
37	玛纳斯萨福克羊肉	新疆维吾尔自治区	玛纳斯县	1.5
38	策勒羊肉	新疆维吾尔自治区	策勒县	2.8

（续）

序号	产品名	地区或组织	县域等	对应肉（绒山）羊生产规模（万只）
39	裕民巴什拜羔羊肉	新疆维吾尔自治区	裕民县	5
40	皮山县羊肉	新疆维吾尔自治区	皮山县	50
41	于田多胎羊肉	新疆维吾尔自治区	于田县	20
42	昭苏哈萨克羊肉	新疆维吾尔自治区	昭苏县	11
43	建安羊肉	河南省	建安区	2.25
44	稻谷泉羊肉	河南省	叶县	3
45	光山湖羊肉	河南省	光山县	5
46	沈丘槐山羊肉	河南省	沈丘县	9.8
47	耀州羊肉	陕西省	耀州区	2.0
48	靖边羊肉	陕西省	靖边县	22
49	府谷羊肉	陕西省	府谷县	17.75
50	永昌肉羊肉	甘肃省	永昌县	78.57
51	东乡贡羊肉	甘肃省	东乡族自治县	106.5
52	桐乡湖羊肉	浙江省	桐乡市	24
53	龙游山羊肉	浙江省	龙游县	2.8
54	界首淮山羊肉	安徽省	界首市	6.6
55	太和白山羊肉	安徽省	太和县	100
56	柏家黑山羊肉	重庆市	梁平区	2.5
57	徐闻山羊肉	广东省	徐闻县	15
58	金堂黑山羊肉	四川省	金堂县	17
59	班戈色瓦绵羊肉	西藏自治区	班戈县	30.47
60	盐池滩羊肉	宁夏回族自治区	盐池县	315.7
61	西山清真羊肉	江西省	新建区	1
62	巴美肉羊羊肉	动物福利协会	动物福利企业	0.36
63	小河羊肉	动物福利协会	动物福利企业	0.3

附录6 我国羊肉区域公共品牌品质描述

序号	羊肉和对应品种	外观品质	羊肉品质
1	涝河桥羊肉（清真）	脂肪均匀	肉质细嫩，不膻不腥，其味鲜美
2	鄂尔多斯细毛羊	肉层厚实、紧凑	香味浓郁，鲜嫩多汁，无膻味，肥而不腻，色泽鲜美，口感好
3	同心滩羊肉（清真）	肉质细嫩，肌肉呈红色，有光泽，脂肪呈白色	膻味小，有韧性，富有弹性，具有羊肉固有气味
4	沂源黑山羊	肉质细嫩	味美多汁，膻味小
5	圭山山羊	肉质细嫩	味道鲜美而浓郁
6	美姑山羊	肉色鲜艳，光泽润滑，水嫩多汁，红色均匀	有轻微膻味，无其他异味
7	郧西马头山羊	肉色鲜红	肉质细嫩鲜美，膻味偏轻
8	苏呼欧拉羊	肌肉光泽润滑，红色均匀	肌肉纤维细嫩多汁，具有欧拉羊肉特有的香味
9	隆林山羊	肉质细嫩而有弹性，颜色鲜艳	味鲜美，膻、腥味小
10	神池羊肉	肌肉细致柔嫩，肉块紧凑美观	肉质鲜嫩，肥瘦相间，肥而不腻，食之爽口
11	阿拉善白绒山羊	色泽鲜美，肉层厚实紧凑	香味浓郁，鲜嫩多汁，无膻味，肥而不腻

（续）

序号	羊肉和对应品种	外观品质	羊肉品质
12	中阳柏籽羊肉	肉质密实，纹理清晰，肉色紫红，油色洁白	味含柏香，不腥、不腻
13	沾化洼地绵羊	肉质细嫩	味道鲜美，膻味小，食用时味香而不腻口
14	沾化白山羊	背最长肌鲜肉有大理石花纹，颜色呈淡红色	味道鲜美，膻味小，食用时味香而不腻口
15	崇明白山羊	肌肉丰满	肉质鲜美
16	海门山羊	肥瘦适度，脂肪分布均匀	口感肥而不腻，肥嫩鲜美，膻味小
17	蒙山黑山羊	肉质色泽鲜红	细嫩，味道鲜美，膻味小
18	宜昌白山羊	肉质细嫩，肉色鲜红，肌纤维细嫩	膻味轻，味鲜美
19	黄渠桥羊羔肉	色泽棕红，肉嫩鲜美	肥而不腻，无膻味，色、香、味、形俱佳
20	莱芜黑山羊	肌纤维细小	肉质细嫩，味道鲜美，膻味小
21	陵川黑山羊	肌纤维细	肉质细嫩，味道鲜美，膻味极小
22	凉山半细毛羊	肌肉丰满紧密，颜色鲜艳，红色均匀	无膻味，香气四溢
23	四子王旗杜蒙羊肉	肉层厚实紧凑，肌肉色泽鲜红或深红，脂肪呈乳白色	具有新鲜羊肉的正常气味
24	会东黑山羊	肉质细嫩	肉质细嫩，膻味小

（续）

序号	羊肉和对应品种	外观品质	羊肉品质
25	马楠半细毛羊	肉质细嫩，肉色为褐色	味道鲜美，无膻味
26	火红黑山羊	肉色为鲜红色或暗红色	肉质鲜美细嫩，膻味小，无异味
27	石屏青绵羊	肉色鲜红，肉质细腻	无膻味，味香可口
28	岗巴羊	肉质细嫩	味道鲜美，无膻味
29	临朐黑山羊	肌纤维细，硬度小	肉质细嫩，味道鲜美，膻味极小
30	文登奶山羊		质地柔软，肉质紧凑
31	都安山羊	肉质细嫩而有弹性，颜色鲜艳	味鲜美，膻味小
32	沁水黑山羊		味道鲜美，膻味极小
33	龙陵黄山羊		肉香味浓郁，其肉质细嫩多汁，膻味小
34	肃南甘肃高山细毛羊	肉色鲜红，大理石花纹丰富	吸水力和熟肉率高，保水性强，剪切力低，嫩度好，风味鲜美
35	民和羊肉	细嫩多汁，颜色鲜艳	
36	嘉祥济宁青山羊	肌肉呈红色，有光泽，脂肪呈白色	具有羊肉的固有风味，无异味
37	嘉祥小尾寒羊	肌肉呈红色，有光泽，脂肪呈白色	肉质细嫩，膻味小，具有羊肉的固有香味
38	黔北麻羊		膻味轻，肉质鲜嫩，富有弹性

（续）

序号	羊肉和对应品种	外观品质	羊肉品质
39	环县滩羊	肉质细嫩，脂肪分布均匀	膻腥味很小，甚至无膻味
40	岷县黑裘皮羊	肌肉光泽润滑，红色均匀	肉质细嫩多汁，脂肪含量适中，无膻腥味
41	庆阳黑山羊	肌肉暗红色，有光泽，脂肪呈乳白色	弹性较好，具鲜肉固有气味，无异味
42	格尔木蒙古羊	肌肉有光泽，色泽红润，脂肪呈乳白色	无异味，具有鲜羊肉的特有气味
43	玛多藏羊	肉色鲜红，有光泽；肌纤维致密，富有韧性	无膻味，具有羊肉的固有香味
44	刚察藏羊	肌纤维清晰	无膻腥味，具有鲜羊肉的特有气味
45	玛纳斯萨福克羊	肉呈粉红色，有光泽，脂肪呈乳白色	肉质鲜嫩，味美多汁，风味独特，香气浓郁
46	单县青山羊	肉质细嫩	质地纯净，鲜而不腻
47	湖州湖羊	肉呈棕红色，脂肪分布均匀	细嫩多汁
48	罗平黄山羊	鲜羊肉呈鲜红色，皮薄而少脂肪	膻味小，鲜香可口
49	哈尔腾哈萨克羊	肌肉光泽润滑，红色均匀	无膻腥味，鲜嫩多汁
50	唐古拉藏羊	肌肉有光泽，色泽红润，脂肪乳白色	无异味，具有鲜羊肉的特有气味
51	祁连藏羊	肉色红，有光泽	煮沸后无膻味，味道鲜美纯正，口感好

（续）

序号	羊肉和对应品种	外观品质	羊肉品质
52	广灵大尾羊	瘦肉多，脂肪少	肉质鲜嫩
53	阳高长城羊肉	肌肉细致柔嫩，肉块紧凑美观	膻味小，味道鲜美，纤维细，肉中筋腱少，鲜嫩多汁
54	凉州羊羔肉	肌肉色泽鲜红或深红，有光泽，脂肪呈乳白色	肉质鲜嫩，肥瘦相间，无膻味，具有清香之味
55	和田一牧场羊肉	肉色鲜红匀称，有光泽，脂肪呈乳白色	气味新鲜，熟食味美鲜嫩
56	永昌肉羊	肌肉暗红色，有光泽	膻味小，具备鲜羊肉的固有气味
57	海晏羔羊肉	肉色鲜红，肌肉纤维细嫩，脂肪呈白色	鲜嫩多汁，味美，滋味醇厚，无膻味
58	天峻藏羊	肌肉有光泽，色泽红润，脂肪乳白色	无异味，具有鲜羊肉的特有气味
59	木垒羊肉	肌肉色泽鲜红或深红，有光泽，脂肪呈乳白色	具有鲜羊肉的正常气味
60	尉犁罗布羊肉	肉质致密而坚实	味道鲜美，肉嫩多汁，无膻味
61	泽库藏羊	肉色鲜红，有光泽	味道鲜美纯正，口感好
62	玛曲欧拉羊	肉色深红，肉质鲜嫩	风味鲜美，肉质细嫩，膻味小
63	阿尔巴斯白绒山羊	肌肉色泽鲜红或深红，有光泽，脂肪呈乳白色	具有鲜羊肉的正常气味
64	鄂托克阿尔巴斯山羊肉		无膻味，味美多汁，鲜香爽口，口感怡人，香味浓郁

（续）

序号	羊肉和对应品种	外观品质	羊肉品质
65	赫章黑马羊	骨骼健壮，肌肉丰满	肉质细嫩，鲜美可口，不膻不腻
66	清远黑山羊	肌纤维细	口感鲜甜，硬度小，肉质鲜嫩，膻味极小
67	尼雅羊肉	肌肉呈红色，有光泽，脂肪呈白色或淡黄色	无膻味
68	扎什加羊	羊肉色鲜红，有光泽	鲜美纯正，肥瘦相间，风味浓郁
69	曲沃麦茬羊肉	色泽较红	肉质细嫩，味美多汁，膻味小
70	加什科羊肉	肉色鲜红，有光泽	具备羊肉的固有香味
71	巴彦淖尔二狼山白绒山羊	肉质细嫩，瘦肉率高，脂肪少	无膻味，香味浓郁，风味独特
72	务川白山羊	颜色呈深红色	味鲜美，膻、腥味小
73	七百弄山羊	颜色呈深红色	味鲜美，膻、腥味小
74	乐至黑山羊	肉色红润，肌纤维致密	口感细嫩，鲜香不腻，无膻味
75	哈密羊肉	肌肉色泽鲜红，有光泽，脂肪呈乳白色	腥膻气味极小，香味浓郁，风味独特
76	土默特羊肉	羊肉色泽鲜红或深红，有光泽	味美多汁，无膻味，香味浓郁
77	祁连清泉羊羔肉	肌肉色泽鲜红或深红，有光泽	具有羊羔肉的固有气味，无膻腥味

（续）

序号	羊肉和对应品种	外观品质	羊肉品质
78	兴义黑山羊	肉鲜红，有光泽	肉质紧实而有弹性，膻味轻，汤汁鲜醇清亮
79	阿旺绵羊	肉色呈深红色，脂肪呈乳白色至浅黄色	肉质鲜嫩，膻味小
80	柴达木绒山羊	肌肉颜色鲜红，有光泽，脂肪乳白色	纤维细嫩，无膻味
81	金沙黑山羊	肉色鲜红，有光泽；脂肪白色，分布均匀	气味芳香浓郁，熟透而不烂，肉嫩味鲜
82	壶天石羊	肉色鲜红，皮下脂肪较少	肉质细嫩多汁，膻味小
83	若尔盖藏绵羊	肉质细嫩多汁，色泽略带红润	膻味小
84	尖扎山羊	肌肉颜色鲜红，有光泽，脂肪乳白色	无膻味，具有鲜羊肉的特有气味
85	桐乡湖羊	肉质光泽强烈	
86	盐池滩羊肉	肉质细嫩，肌纤维细，系水力好，脂肪分布均匀	风味鲜美，口感爽滑，膻腥味极小
87	龙游山羊肉	肌肉红色均匀，有光泽，脂肪呈乳白色	具有羊肉的天然膻味
88	巴林羊肉	肌肉呈红色，有光泽，脂肪呈白色	具有新鲜羊肉的固有气味，无异味
89	达拉特羊肉	肌肉呈红色，有光泽，脂肪呈白色	具有羊肉特有的气味，无膻味
90	准格尔羯羊	肌肉红色均匀，有光泽，脂肪呈白色	具有羊肉的固有气味

（续）

序号	羊肉和对应品种	外观品质	羊肉品质
91	苏尼特羊肉	肌肉色泽鲜红，有光泽，脂肪呈白色	具有新鲜羊肉的固有气味，无异味
92	化德羊肉	肌肉呈淡红色，有光泽，脂肪呈白色或淡黄色	具有羊肉的固有气味，无异味，无膻味
93	乌拉山山羊肉	肌肉丰满发达，富有光泽，色红而均匀	具有香味浓郁特点
94	乌拉特羊肉	肌肉呈红色，肉色鲜亮，脂肪呈白色	具有羊肉的固有气味，无异味
95	界首淮山羊肉	肌肉为微暗红色，脂肪呈淡黄色	肉质口感柔嫩而多汁，具有典型的羊肉香味，膻味正常
96	建安羊肉	肌肉暗红色，纹路清晰，有弹性，脂肪白色	软嫩多汁，口感鲜美，无明显的膻味
97	耀州羊肉	肌肉红色均匀，有光泽，脂肪洁白	有明显的膻味
98	西山清真羊肉	肉色鲜红，脂肪呈乳白色，肌纤维细	有新鲜的膻味，无其他异味
99	徐闻山羊	肌肉鲜红至深红色，肌间脂肪分布均匀，脂肪呈乳白色至浅黄色	
100	柏家黑山羊	鲜肉色泽而红润	柔嫩多汁，膻味小
101	米东区羊肉	肌肉红色均匀，有光泽，脂肪呈乳白色	具有新鲜羊肉的固有气味
102	达茂羊肉	肌肉色泽鲜红，有光泽，脂肪呈乳白色	具有新鲜羊肉的固有气味，无异味

（续）

序号	羊肉和对应品种	外观品质	羊肉品质
103	陈巴尔虎旗羊	肌肉为暗红色，颜色均匀，有光泽，脂肪呈乳白色	具有新鲜羊肉的固有气味，无异味
104	科右前旗草地羊	肌肉呈鲜红色，有光泽，脂肪呈乳白色	具有羊肉的固有气味，无异味
105	察右前旗羊肉	肉卷外层为脂肪层，呈乳白色；内层为肌肉，呈暗红色	具有羊肉的正常气味，无异味
106	临河巴美肉羊	肌肉色泽为暗红色，色泽鲜艳，脂肪呈现乳白色	具有羊肉的固有气味，无异味
107	五原羊肉	肌肉呈暗红色，有光泽，脂肪呈乳白色	具有羊肉的固有气味，无异味
108	班戈色瓦绵羊	肌肉色泽鲜红，有光泽	具有新鲜羊肉的固有气味，无异味
109	奇台加勒胖巴依草原羊肉	肉色浅红，有光泽，脂肪呈白色	肉质细嫩，不腥不膻，具有浓郁的羊肉的鲜香味
110	那拉提草原羊肉	肉色浅红，有光泽，脂肪呈白色	肉质细嫩，不腥不膻，具有浓郁的羊肉的鲜香味
111	固阳羊肉	肌肉呈鲜红色，有光泽，脂肪呈乳白色	具有羊肉的固有气味，无异味
112	阿鲁科尔沁旗羊肉	肌肉呈暗红色，有光泽，脂肪呈乳白色	具有羊肉的正常气味，无异味
113	翁牛特羊肉	肌肉呈浅红色，脂肪呈乳白色	具有新鲜羊肉的固有气味，无异味

（续）

序号	羊肉和对应品种	外观品质	羊肉品质
114	鄂托克前旗羊肉	肌肉红色均匀，有光泽，脂肪呈乳白色	煮沸后，肉汤透明澄清，无肉眼可见杂质
115	阿尔巴斯山羊肉	肌肉红色均匀，有光泽，脂肪呈乳白色	肉汤透明澄清，无肉眼可见杂质
116	杭锦旗杭盖羊肉	肌肉红色均匀，有光泽，脂肪呈乳白色	肉汤透明澄清
117	鄂尔多斯细毛羊肉	肌肉呈浅红色，脂肪呈乳白色	具有新鲜羊肉的固有气味，无异味
118	西旗羊肉	肌肉呈浅红色，脂肪呈乳白色	具有新鲜羊肉的固有气味，无异味
119	乌拉特后旗富硒山羊肉	羊肉色泽鲜红，有光泽，脂肪呈乳白色	具有羊肉的正常气味，无异味
120	阿拉善左旗白绒山羊羊肉	肌肉呈暗红色，颜色均匀，有光泽，脂肪呈乳白色	具有新鲜羊肉的固有气味，无异味
121	阿拉善右旗白绒山羊肉	肌肉呈红色，颜色较均匀，有光泽，脂肪呈乳白色	具有新鲜羊肉的固有气味，无异味
122	额济纳白绒山羊肉	肌肉为鲜红色，有光泽	具有切面湿润，不粘手，有弹性的特性
123	太和白山羊	肌肉深红色，富有弹性；煮熟后肉汤透明澄清，脂肪团聚于表面	富有香气和鲜味，肉质口感较柔软，膻味轻，具有典型的羊肉香味
124	金堂黑山羊	肌肉色泽鲜红或深红，有光泽，脂肪呈乳白色	闻之清香，无膻味

（续）

序号	羊肉和对应品种	外观品质	羊肉品质
125	靖边羊肉	肌肉色泽鲜红或深红，有光泽，脂肪呈乳白色	闻之清香，无膻味
126	策勒羊肉	肌肉红润，色泽均匀，有光泽，脂肪呈白色	肉质鲜嫩，无膻味，具有浓郁的羊肉鲜香味
127	裕民巴什拜羔羊肉	肌肉红润，有光泽，脂肪呈白色	肉质鲜嫩，无膻味，具有浓郁的羊肉鲜香味
128	巴美肉羊羊肉	肌肉色鲜红而均匀，有光泽	无膻味
129	小河羊肉	肌肉呈均匀红色，有光泽，纹路清晰，有弹性，脂肪呈白色	软嫩多汁，口感鲜美
130	临河谷饲羊	肌肉色泽为暗红色	肉质紧密，有坚实感，有韧性，具有羊肉的正常气味，无异味
131	临河羊肉串	表面微湿润	具有羊肉的固有气味，无其他异味
132	乌拉特后旗风干羊肉	表面为棕褐色，内部为暗红色	具有风干羊肉特有的气味，食之有嚼劲
133	稻谷泉羊肉	肌肉呈暗红色，有光泽，富有弹性，脂肪呈白色	富有香气和鲜味，肉质口感较柔软，典型羊肉香味，膻味小
134	光山湖羊	肌肉呈暗红色，肉纤维细而软，肌肉间夹有白色脂肪	有膻味
135	沈丘槐山羊	肌肉暗红色，有光泽，脂肪呈白色或淡黄色	肉质口感柔软，有典型羊肉的香味，膻味小

（续）

序号	羊肉和对应品种	外观品质	羊肉品质
136	府谷羊肉	肌肉色泽鲜红，有光泽，红色分布均匀，脂肪呈乳白色	有明显的羊肉味，入口香味浓郁鲜美
137	永昌肉羊肉	肉色鲜红，有光泽，脂肪呈乳白色	具有新鲜羊肉的固有气味，无其他异味
138	东乡贡羊肉	肉色鲜红，有光泽，脂肪呈乳白色	具有新鲜羊肉的固有气味，无其他异味
139	皮山县羊肉	肌肉呈红色，肉色鲜亮，脂肪呈白色	有羊肉特有的气味，肉质细嫩，肥而不腻，味香浓，无膻味
140	昭苏哈萨克羊	肌肉色泽鲜红，有光泽，肥瘦均匀，脂肪呈白色	煮熟后肉质细嫩，肥而不腻，味香浓，无膻味